王伟芳 / 编著

墨菲定律
启示录

中国长安出版社

图书在版编目（CIP）数据

墨菲定律启示录 / 王伟芳编著. -- 北京 : 中国长安出版社，2015.2（2018.10重印）
ISBN 978-7-5107-0787-2

Ⅰ. ①墨… Ⅱ. ①王… Ⅲ. ①成功心理－通俗读物 Ⅳ. ① B848.4-49

中国版本图书馆CIP 数据核字（2014）第217744号

墨菲定律启示录
王伟芳 编著

出版： 中国长安出版社
社址： 北京市东城区北池子大街14号（100006）
网址： http://www.ccapress.com
邮箱： capress@163.com
发行： 中国长安出版社 全国新华书店
电话： (010)85099947 85099948
印刷： 三河市嵩川印刷有限公司印刷
开本： 710mm×1000mm 16 开
印张： 19
字数： 260 千字
版本： 2015 年4月第1 版　2018 年10月第10次印刷

书号： ISBN 978-7-5107-0787-2
定价： 36.80 元

生活中,很多人都有过这样的经历:工作忙碌之余开个小差,往往会被老板看到;菜刀钝得什么都切不动,却总能轻松地把手弄伤;乘公交车没座位的时候,总是自己站的位置附近的座位不空出来;有座位的时候,你越是累,越是会有老人上来;开车的时候,总是旁边的车道走得快些……

其实,你不必疑惑,也用不着郁闷,因为这就是著名的"墨菲定律"。它就像一个神秘的幽灵,不时地捉弄我们,让人哭笑不得,心神不宁。

什么是墨菲定律?

墨菲定律又译为"莫非定律"或"墨菲定理",也有人诙谐地称它为"倒霉定律"。墨菲定律是以一个叫爱德华·A·墨菲的人命名的。

墨菲是一名毕业于西点军校的航空工程师。1949年,他到爱德华兹空军基地参与美国空军高速载人工具火箭雪橇MX981发展计划。为了研究人能承受多大的超重压力,他和同事们一起对此进行了试验。其中一个实验是把一套16个精密传感器装在超重实验设备上,然后加压,只要传感器没有发出警报,就可以不断地加压。可是,超重实验设备在巨大的压力下都变形了,传感器的指针居然一点都没动!经过检查后才发现,负责装配的同事把这16个传感器全都装反了!

沮丧的墨菲不经意间开了这个同事一个玩笑："如果一件事情有可能出错，让他去做就一定会弄错。"

随即，这个玩笑就风靡爱德华兹空军基地，一旦有人把事情弄糟了，大家就会这样嘲笑他。为了保住面子，基地的每个人都力避出错，试验任务很快顺利完成了。

墨菲的上司斯塔普认为，实验成功的核心原因就是这个玩笑。在随后的记者招待会上，斯塔普把这句话称为"墨菲定律"，并表述为："如果一件事有可能出错，它就一定会出错。"从此，墨菲定律迅速流传，扩散到世界各地，并演变成了各种各样的形式。后来，"墨菲定律"的条目被收入《韦氏国际词典》，被世人与"派金森定理"、"彼德原理"一齐并称为二十世纪西方文化中最杰出的三大发现。

墨菲定律之所以诞生在20世纪中叶，是有其深层次原因的。当时，乐观主义笼罩全球：科技突飞猛进，人类在自然界、疾病以及其他神秘领域取得了史无前例的巨大成就，于是，很多人觉得，人类可以随心所欲地改造世界，可以战胜一切挑战，解决一切难题。这种井底之蛙的乐观主义，使人类得意忘形。实际上，人永远也不可能成为上帝，与茫茫宇宙相比，人类渺小得可以忽略不计。人类有自身的局限性，即使再有智慧也永远无法完全了解世间万物，即使再聪明也不可避免地会犯各种错误；不论科技有多进步，有些不幸总会发生，而且人类越自以为手段高明，面临的麻烦就越严重。

正是墨菲定律告诉了我们，不要盲目乐观、狂妄自大。它提醒我们，错误是这个世界的一部分，与错误共生是人类不得不接受的命运；面对人类自身的缺陷，我们要学会如何接受错误，并不断从中总结经验教训，以防止人为失误导致的损失和灾难。

墨菲定律虽然多以玩笑的形式展现，却蕴涵着很深刻的道理，其含义也渗透到各个领域。它无处不在，当你无视它的存在时，就会受到墨菲定律的惩罚；相反，如果你承认自己的无知，它就会帮助你防患于未然。

　　墨菲定律无疑对我们有巨大的警示和指导意义，然而，当笔者翻遍《墨菲定律》的各种版本后，不禁有些失望：要么是打着墨菲定律的幌子，堆砌一些心理学效应忽悠读者；要么类似于墨菲定律的生物学研究读本，充满了人脑和人体器官的工作原理，晦涩难懂，拗口难读；要么是墨菲定律的简单搜集，一条条的罗列，像是小箴言的汇编，没有任何解析和实例，读者难以理解其中的内涵，即使当时理解了，若没有过目不忘的本领，也很难运用到实践中去。因此，笔者决心重新编译，以使广大读者真正读懂，让墨菲定律成为人们更好的思想磨刀石和行为指南针。

　　本书从实用的角度出发，分门别类地介绍了墨菲定律在十多个领域的体现，精选了近200条贴近大众的墨菲定律，逐条进行深入浅出的解读，结合具有代表性的典型实例，剖析了墨菲定律发生的原因、条件，并为读者提供了战胜或利用墨菲定律的方法。

　　本书注重挖掘和阐发墨菲定律的实用价值，集知识性、实用性和趣味性于一体，内容丰富，贴近生活，贴近实践，有很强的指导性。相信此书能够让广大读者在轻松愉快的氛围中吸收墨菲定律的精华，多一分清醒，多一分智慧，从而大大提升对错误的警惕性和免疫力，为大家获得各方面的成功提供有力的思想保证。

　　本书在编译的过程中适当参考了其他中译本的译法，这里表示衷心的感谢。

　　由于笔者水平有限，本书若有偏颇及错谬之处，敬请各界朋友斧正。

编译者
2014年12月

Contents 目录

墨菲定律之一：人生总有太多的变数

风永远不顺着你的发型吹 / 2
凡事只要有可能出错，就会出错 / 4
不大可能发生的灾难总会发生 / 5
上得山多终遇虎 / 8
如果事情还能更糟的话，它会的 / 9
你越清楚厄运的危害，它就越快降临 / 11
每件事都进展顺利，一定是哪里出了问题 / 12
你迟早会变成你曾经厌恶的那种人 / 13
人往往把生命浪费在一定会后悔的事上 / 14
愚蠢是不可避免的，因为它太有创造力了 / 16
好的开始未必有好的结果，坏的开始结果可能会更糟 / 18
选择时纠结两个选项，结果总是没选的那个正确 / 19
正确判断来自痛苦的经验，而经验则来自错误的判断 / 20
经验让人们避免旧错误又犯新错误 / 21

墨菲定律之二：你越是担心的事，越容易发生

你越是害怕某事发生，它越是有可能成真 / 24
你不害怕某事发生，它也可能发生 / 26
越想要什么，就越是不能得到什么 / 27
没有什么事情会糟到不能更糟 / 29

如果你遇到麻烦，你就会再给自己添麻烦 / 31
笑一笑，明天未必比今天好 / 32
容易接受的改变，往往越变越糟 / 34
不可能让乐观主义者感到惊喜 / 35
世界上并不存在失败，除了心理上的 / 36
自以为拥有财富的人，其实是被财富所拥有 / 38
如果你自己觉得很得意，这种感觉很快就会过去 / 39
别人的东西吃起来总是可口些 / 40
学会开车，你才能真正学会骂人 / 42
怨恨不一定会伤害别人，却一定会伤害自己 / 43
得不到别人的尊重的人自尊心最强 / 45

墨菲定律之三：在自我认知上犯糊涂，就会麻烦不断

知道自己，是好勇斗狠的最终方式 / 48
你很难像发现别人的缺点一样准确地发现自己的缺点 / 49
你觉得那张照片真漂亮，但你的朋友都说根本不像你 / 50
不用担心别人怎么看你，因为他们也在为此担心 / 52
别以为自己很重要，没有你太阳依旧照常升起 / 53
我们能原谅我们讨厌的人，却不能原谅讨厌我们的人 / 55
我们很平凡，但常常太把自己当回事 / 56
光总是觉得它跑得最快，但黑暗总是先它一步到达 / 58
无所不知后，就学不到什么了 / 59
不要在你的智慧中夹杂傲慢，也不要在谦虚中缺乏智慧 / 60
没有答案就不要制造问题 / 62
第二次犯错时，你什么都没学到 / 63
对待好忠告的惟一方式就是转送他人，这东西对自己没用 / 64
我们永远到达不了圣地，如果真能到达就不是圣地了 / 66

墨菲定律之四：处世之道没有看起来那么简单

你永远都没有第二次机会去打造第一印象 / 68
匆匆一瞥好过目中无人 / 69
想受欢迎，就帮别人的坏习惯找到好理由 / 70
越是完美的人，越是没人愿意接近 / 71
如果你的电话老是不响，就该打出去 / 73
想让人生气，就骗他；想要他愤怒，就说真话 / 75
若劝告时不顾及别人的自尊，再好的言语都没用 / 77
越是肯定自己的看法，越是容易后悔 / 79
若无法说服对方，就把对方搞糊涂 / 80
不要与傻瓜争论，别人可能分不清谁是傻瓜 / 82
一有人说这不是钱的问题，往往就是钱的问题 / 83
忍耐是很有用的，但它绝无法帮一只公鸡生蛋 / 84
你在诋毁他人的同时，也贬低了自己 / 86
如果你不同意别人的意见，别人也不可能同意你的意见 / 87
不用担心你的敌人，你的盟友才会害你 / 89

墨菲定律之五：爱情是物理反应还是化学反应

接吻使两人靠得太近，以致互相都看不见缺点 / 92
在坠入爱河之前请备份，有助于伤后恢复 / 93
你和最好的朋友被一个美女迷住时，最好的朋友就失去了 / 94
千万不要询问你不想知道答案的问题 / 96
钱买不到爱情，但无疑它的分量可以影响杠杆的平衡 / 97
如果令你难以置信的话，你最好还是别信 / 99
被发好人卡，实际上是看不上你 / 100

爱过了，失去了，好过爱也没爱过 / 101
你爱上一个人是因为，Ta让你想起老情人 / 102
好女人或好男人就像泊车位一样，好的都给占了 / 103
最吸引对方的品质也就是多年后对方所不能容忍的 / 105
浪漫就是常识从窗口飞出去了 / 106
期待占据了快乐的98% / 108
别和女人争论，你永远赢不了 / 109

墨菲定律之六：与梦想相反的情况随时会出现

人开始时往往为梦想而忙，后来却因忙碌失去梦想 / 112
目标太多的结果，会使你失去目标 / 113
你最好的分数一定是你一个人玩的时候得到的 / 114
勤劳不一定能致富，但懒惰一定不能致富 / 117
不行动的人都有一套切实可行的计划 / 118
成功的定义：站起来的次数比被打倒多一次 / 120
所谓敌人，不过是那些迫使我们自己变得强大的人 / 121
出色的机会被巧妙伪装成无法解决的问题，反之亦然 / 122
不做决定的人是不会犯错的 / 123
人生中，有时不去冒险比冒险更危险 / 124
越是输不起的人，越喜欢下大赌注 / 126
兴趣是最好的老师，但最好的老师也有很多差学生 / 127
许多人爬到了梯子的顶端，却发现梯子架错了墙 / 128
成功总是不为人知，失败常常众目睽睽 / 129

墨菲定律之七：在职场上，你想精明还是老实

并不是因为你能做某种事，就表示你能靠其生活 / 132

不值得去做的事，总会做不好 / 133
没什么事情像看上去一样简单 / 134
如果你自己觉得不够称职，你也许确是如此 / 136
工作忙碌之余开个小差，往往会被领导发现 / 137
时常加班的人并不能得到重用 / 139
不要争先，也不要落后 / 141
别让自己无法替代，你无法替代就无法晋升 / 142
当你沉浸在晋升的喜悦后，烦恼就会到来 / 143
你今天还在批评的人，或许明天将会是你的上级 / 145
本来是给人帮忙，结果会变成自己的事情 / 146
如果你一贯正确，就会让领导忍受不了 / 147
若想讨好上司，就把别人做成的事归功于他 / 149
如果你知道你正在做什么，也许你会厌烦 / 150

第八章 墨菲定律之八：做管理，可绝不是个力气活儿

愚者居高位就像置身山顶，他小看别人，别人也小看他 / 154
不管你怎么努力，你不能推一根绳子 / 155
对一个不需要自己做的人来说，没有什么不可能 / 157
级别越高的人，说话速度越慢 / 159
一颗将爆的炸弹比一颗已爆的炸弹恐怖得多 / 160
遇到难题就交给懒人，他会想出简单的处理办法 / 161
工作应该更精明，而不是更辛勤 / 162
人人有责，就是没有谁有责 / 164
听之任之的话，事情一般不会向好的方向发展 / 166
事故的发生，往往都是经不起检查的 / 168
人们对损失的关注程度大大超过收益 / 170
我们常会奖励那些错误的人和事 / 171
有一块表时能确定时间，有两块的话就难办了 / 173
若你能找到所有人都同意的事，这事一定是错的 / 175

只要别在过河之前拆桥，就能避免许多不必要的麻烦 / 177

墨菲定律之九：妄想好事，会成为别人的赚钱工具

你不理财，财也理你；你理财了，财也未必理你 / 180
你很难靠存钱发财 / 181
穷人把钱存入银行，是在补贴富人 / 182
胜率高未必盈利，胜率低未必亏损 / 184
股票是回报率最高的理财方式，但很少有人赚到钱 / 186
不愿做长线的投资者，常常不得不做长线 / 187
错错不会得对，一般要错上个三四次才行 / 188
只要一投入资金，久经检验的投资策略就会失效 / 189
规律不容易掌握，一旦掌握了，规律又变了 / 191
不操作，有时就是最好的操作 / 192
先画出曲线，再琢磨怎么解读 / 193
你越挣扎，被咬住的就越多 / 194
银行理财，你一买就已经损失 / 197
放在口袋的钱最容易被花光 / 199
若你在两者之间无法作决定，选便宜的准没错 / 201

墨菲定律之十：别以为新科技就是好东西

任何非常先进的科技都与魔法毫无二致 / 204
我们对任何事情所知的还不到百分之一的百万分之一 / 205
千万别信最新科技，等它有点岁数了再信它 / 206
科学技术由那些对自己管些什么毫不理解的人掌控 / 208
理论上可行实际未必可行，实际可行理论上也许不可行 / 210
技术进步给我们提供了更有效的退步方法 / 211
别修那些还没停工的家伙，不然它会停工而且还修不好 / 213

你的设备出了问题，厂家会说你没有正确使用它 / 214
实在搞不定的话，就看一看操作说明 / 215
计算机里面没有的就真的没有 / 217
人总会犯错，但要把事情搞砸还需要一部电脑 / 218
任何软件在它运行的时候，都已经过时 / 220
当你有了一部手机，你就成了透明人 / 221

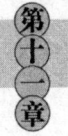

墨菲定律之十一：你所看到的，有可能只是假象

如果你不理解某事物，那它就是在直觉上显而易见的 / 224
好的习惯需要长期教育，坏的习惯只需有人带头 / 225
如果你在街上仰头看一会儿天，会有很多人也仰头看天 / 227
旁观人数越多，救助行为出现的可能性就越小 / 229
谬误往往比真理还显得庄重 / 231
谁叫得最响，谁就有发言权 / 232
越了解真实情况，新闻报道中的错误越明显 / 233
人们宁愿被问题困扰也不愿接受不了解的答案 / 235
流言在可能造成最大伤害的地方流传得最快 / 236
如果美貌是肤浅的话，时髦连汗毛都没沾上 / 237
好的越好，坏的越坏；多的越多，少的越少 / 239
商店越少，商品和服务的质量就越差 / 241
专家就是在越来越窄的领域里知道得越来越多的人 / 242
事后聪明绝对是一种学问 / 243

墨菲定律之十二：你越是想快一点，越是会慢下来

事情都在瞬间出错，却只能渐渐好转 / 246
抄近路是两点之间最长的距离 / 247
有时候，快就是慢，慢就是快 / 249

排队时，别的队总是比你这队动得快 / 251
你旁边的车道总是比你这条走得快些 / 253
你等的那班公交车总是不来 / 254
等人等得不耐烦，去一趟洗手间，那家伙没准就到了 / 255
一分钟有多长？这要看你是蹲在厕所里还是等在厕所外 / 256
快乐的时光总是显得很短暂 / 257
当你老了，你的生命就加速了 / 259
当你有时间出游时你没钱，等有钱时你就没时间 / 260
每件事总比你估计的要多花点时间 / 261
没有时间做好，但总有时间返工 / 262
你总是难以避免别人成为你的时间主人 / 263

墨菲定律之十三：生活的秘密往往不在意料中

每次剪了指甲没多久，就有用得着它们的地方 / 266
动用剪刀前，先量两次，因为你只能剪一次 / 267
偏偏带伞的那一天没下雨 / 269
找东西时，找到的往往不是正想找的东西 / 271
买完后你才会发现，别的店里更便宜 / 273
蠢人的钱财到处都受欢迎 / 275
保证60天不会出故障，等于保证第61天会坏掉 / 276
使用寿命最短的元件，都会被装在最难触及的地方 / 278
减肥是一种自卑，但让你自卑的恰恰是减肥广告 / 279
有一些药比疾病本身让人更糟糕 / 281
面包片掉下去的时候总是有果酱的一面着地 / 283
十双袜子丢了六只，往往只剩下四双完整的袜子 / 285

参考文献 / 287

第一章 墨菲定律之一：

人生总有太多的变数

风永远不顺着你的发型吹

有人认为，墨菲定律的描述太过绝对和悲观，缺乏科学依据，很容易被推翻。其实，这是一种误解。

墨菲定律乍一看的确绝对而悲观，这首先是由于东西方文化差异造成的，墨菲定律以一种西方特有的幽默调侃方式描述人、事、物，对西方的语言风格不熟悉的人，自然会觉得太绝对，而熟悉西方文化的人，或者即使是经常看美国大片的人，则会轻松意会其中的幽默和睿智；对于是否悲观，不同的人有不同的看法，尤其是对于阅历不同的人来说更是如此，对比后你会发现，你的人生经历越丰富，就越会觉得诞生于人类盲目的乐观之中的墨菲定律具有普遍性。

一般来说，定律的得出有两种途径，一是逻辑推理，二是经验归纳。墨菲定律遵从的是第二条途径。定律的产生不光是它来源的科学性，还有它应用的有效性。也就是说，假如一条道理被归纳出来，同时被无数事实证明是有效的，也就可以称为定律了，而不必达到数学上的精确。

何况，墨菲定律在很多情况下也是经得起逻辑推理的，就拿"风永远不顺着你的发型吹"这一条来说吧，除了美式幽默"永远"二字让人觉得太过绝对外，事实上，风真的很难顺着谁的发型吹。

我们知道，基本的风向有八种：东、南、西、北、东南、西南、东北、西北，从概率的角度看，假如你面向一个方向不动，风只有

12.5%的可能正好顺着你的发型吹，相应的，它有87.5%的可能不顺着你的发型吹。

但实际上，除了这八种基本的风向外，还有若干种偏东、偏南、偏西、偏北风。举例来说，若用东和南组成一个九十度的直角，刚好平分这个直角的风叫东南风，而没有平分的风则叫偏南风或偏东风。从几何学常识我们知道，平分直角的射线只有一条，而不能平分直角的射线有无穷多条。也就是说，风向实际上远远不是八种，而是趋向于无穷种。

而且，人不太可能一直不动地面朝某一个方向。

所以，现实中风顺着你的发型吹的概率实际上远远小于12.5%。

退一步说，即使某个时刻风刚好顺着你的发型吹了，由于它根本没给你造成任何烦恼，所以你可能一点也没留意到。

常常忽视如意之事而关注不如意之事，是人之通病。再加上顺着发型吹的概率本来就小，因此，不仅"风不顺着你的发型吹"是大概率事件，而且即使加上"永远"二字也并不显得有多么绝对。

人生在世，不仅仅要做发型，还有很多其他的事情要做，而决定一件事是否如自己所愿的因素，恐怕绝不止风向那么简单。所以，中国古代就有"人生不如意十之八九"之说，这可以看作中国古代的"墨菲定律"。只是，我们的祖先比较严谨，没有说得那么绝对罢了。

现实生活中，事事如意的概率很低，所以只可以作为祝愿和向往存在。当我们面临生活中的种种不如意视若寻常，珍视如意之事，你的人生就会多一些欢笑和幸福。

凡事只要有可能出错，就会出错

墨菲定律揭示了一个客观事实：大概率事件会笼罩我们，而小概率事件也同样会发生，而且发生的频率要高于普通人常识所认为的水准，一如犯错。

容易犯错误是人类与生俱来的弱点。任何人做任何事，即使出错的概率非常小，但只要有出错的可能，就有可能会出错。

在统计学上，《大数定律》叙述了这样一种现象：某一个极小概率事件，当实验的次数趋向于无穷大的时候，纵观整个发展历程，小概率事件发生的概率可趋向于1，即必然发生。

例如，飞机被公认为世界上最安全的交通工具，一般没有事故。

据统计，飞机造成人员伤亡的事故率是三百万分之一。也就是说，要积累三百万个航班——你每天坐一次飞机，这样飞上8200年，才有可能遇到一次事故。这样的安全系数，甚至比走路和骑自行车都高。然而我们看到，机毁人亡的事件每年都在发生，而造成的破坏比走路和骑自行车不知要大多少倍。

对于全世界，任何事件，即便发生的概率极其微小，长期来看就成大概率事件，甚至是必然事件了。

对于整个人生，任何一个事件，只要具有大于零的出错机率，我们就不能够假设它不会发生。正是人们通常误认为小概率事件不会发生，麻痹了人们的防范意识，加大了事故发生的可能性，结果导致差错不断，事故频发。

所以，我们在事前应该是尽可能想得周到、全面一些，采取多种保险措施，未雨绸缪，防微杜渐，防止偶然发生的人为失误而造成损失或灾难。

墨菲定律启悟

> 如果坏事有可能发生，不管这种可能性有多小，它总会发生，并造成最大可能的破坏。

不大可能发生的灾难总会发生

生活中我们总能听到有人在说"不大可能"，在多数情况下，说"不大可能"的人不是在表明这件事的概率低，而是在委婉地表达

"不可能"，或者给自己的侥幸心理打气，直到受到墨菲定律的惩罚。

遥想轰动全球的"泰坦尼克"号，大家都记忆犹新吧。当年的建造者曾宣称："这是一艘永不会沉没的轮船。"但结果呢？尽管泰坦尼克发生碰撞的海域（东普罗维登斯）远离冰川密集区，"不大可能"撞上冰川，但它还是撞上了。也正是因为大家觉得"不大可能"甚至"不可能"，轮船上才配备那么少的救生艇。

其实，这条巨轮的灾难早就显现出了"预警"。

1898年，英国作家摩根·罗伯森写了一本名叫《泰坦的遇难》的小说。小说内容描写一艘命名为"泰坦"号的巨型邮轮，在处女航中，因海上大雾，触到冰山而最后沉没。故事情节还穿插了旅客的爱情故事以及生离死别的人间悲剧。14年后的1912年，英国建造了一艘名为"泰坦尼克"号的豪华邮轮，并于同年4月10日从英国作横渡大西洋直驶纽约的处女航。不幸的是，这艘有史以来吨位最大、设备最完善的巨轮，航行了4天后，居然和罗伯森小说中所描述的一样，因撞上冰山而沉没。

> **墨菲定律启悟**
>
> 如果几件事里都可能出错，常常是那件危害最大的事出错。

"泰坦尼克"号沉没的情节、过程与罗伯森笔下的小说如出一辙；不仅如此，二者还有众多的相似之处：小说中描写的"泰坦"号长度800英尺，排水量7.5万吨，有19个防水隔舱，3个推进器，航速25节，可以载客3000人，但只备24只救生艇。"泰坦尼克"号的长度是882英尺，排水量6.6万吨，有16个隔离的防水舱，3个推进器，航速23节，载客量为2224人，只备了22只救生艇。其中最重要的相似点是：两船出事后乘客伤亡惨重的原因都是因为船上的救生艇太少。

这是一个神奇的预言，同时也是一个值得重视的"预警"。是"泰坦尼克"号的建造方、管理人员没有一个人看过这部小说吗？有这个可能，但更大的可能是，就算看过，他们也会认为小说里虚构的故事"不大可能"真的在现实中发生。大家都太大意了，认为"泰坦尼克"号是"永不沉没"的，船长对它太有信心，对自己也太有信心。其实，在"泰坦尼克"号前面的轮船已经发出了冰山预警，但高傲的船长并没有重视，仍然以最高速行驶，他认为凭着自己多年的航海经验，发现冰山后再转舵也可以避开冰山。然而，瞭望员并没有装备望远镜，发现冰山时，船体巨大的"泰坦尼克"号根本无法快速转弯。

也许有人认为，罗伯森的小说和前面船只发出的预警不是正式预警，那么，面对正式的预警就不会有人心存侥幸吗？

"泰坦尼克"号沉没之后，国际海冰巡逻组织（IIP）就开始监控北大西洋地区的冰川状态变化，在冰川季的每天，IIP都会发布预警信息。但仍然有船只试图走捷径而驶入危险区域。2010年，就有一艘船不听预警而与冰川相撞，庆幸的是，它撞上的是一块小冰山，只导致该船进入船坞大修，而无人丧生。

看看我们身边，很多人对预警或规章制度视而不见，有时是心存侥幸，认为"不太可能"发生。然而在每次事故分析时，我们不难发现，事故的原因往往都是人们这种大意和侥幸引发而成的。

所以，我们任何时候都不要抱有侥幸心理，不要以为"不大可能"的事就不会发生。人生不会每时每刻都那么幸运，如果不知道吸取教训，早晚会被那块曾经侥幸绕过去的石头绊倒。

上得山多终遇虎

墨菲定律重视的是可能性，包括小概率事件，强调事物的变化及不确定性。一件事你做一次没出差错，第二次也没出问题，做多了，小概率事件就逐渐变成了必然事件。所谓"上得山多终遇虎"，指的就是这种情况。

在古代，环境还没有被破坏得这么厉害，山上有老虎是常有的事。尽管一只老虎的领地可达数平方公里，但它也不是天天在领地闲逛，所以上一次山遇到老虎的概率也不高。但如果每天都上山的话，总有一天会倒霉的。

现在环境破坏得严重，要"遇虎"，大概只能到动物园去了。但现实生活中，因为心存侥幸而最终"遇虎"的悲剧却在不停地上演。比如：

明明湖边的提示牌上写着：水深危险，请勿游泳！但总有人以为自己水性好、技术高，硬要下水。游一次没事，游 N 次还是没发生什么，后来第 N+1 次溺水身亡了。

明明路口亮起了红灯，但还是有人趁着车还远，赶紧过马路，N 次都没出意外，第 N+1 次发生了车祸。

明明不能酒后驾车，但还是有人觉得没有喝多、神智清醒、反应敏捷，倒霉的事不会摊在自己头上，酒驾了 N 次都没出事儿，第 N+1 次出事儿了。

明明偷窃别人的钱财不对，第一次偷东西很害怕，第二次没那么怕了，直到 N 次还是能逍遥法外，第 N+1 次终于被逮了个正着。

……

生活中这样的例子不胜枚举，上得"山"多，就越做越大胆，越来越肆无忌惮。总有一天，真的遇到了"虎"。

从某种意义上讲，侥幸心理是酿成很多祸患的条件、诱因、根源。你可以狡猾地躲过"一万"，却难以躲过"万一"；能够逃过今天，但逃不过明天。哲学家狄德罗曾说过："人生最大的错误，往往就是由侥幸引诱我们犯下的，当我们犯下不可饶恕、无从宽释的错误之后，侥幸隐匿得无影无踪。而我们下一个拿不定主意的时候，它又光临了"。

其实，除了"上得山多终遇虎"之外，中国还有很多话都可以反映出这个墨菲定律，如："多行不义必自毙"、"常在河边走，哪有不湿鞋"、"常赶集没有碰不上亲家的"，还有电影《无间道》的那句经典台词："出来混早晚要还的。"说的基本上都是同一个道理。

所以，在人生的道路上我们应时刻谨记墨菲定律，这样我们会少一点"遇虎"的后悔。而如果总是心存侥幸，墨菲先生就会跳出来惩罚我们。

如果事情还能更糟的话，它会的

人生的道路不会一帆风顺，每个人都会面临糟糕的情况。不要认为事情已经很糟了，墨菲定律告诉我们，没有最糟，只有更糟；只要事情还能更糟，它就有更糟的可能。

例如：美国第16任总统林肯，他生下来就一贫如洗，9岁时母亲去世，15岁才开始读书；24岁时他与人合伙做生意，却因经营不善而倒闭，并因此负了15年的债；后来他再次经商，仍然是失败；他八次竞选八次落败；甚至还精神崩溃过一次。好在，林肯面对这些挫折一直没有放弃追求，终于在1860年当选为美国总统。但刚当上总统不久，南北战争就爆发了，他在初期的战争中屡战屡败，最后好不容易成功统一了美国，再次当选总统，却在福特剧院看戏时被人刺杀而死……

在这个世界上，与林肯前半生经历类似的人很多。随便翻翻报纸，看看杂志，浏览一下网页都有深陷厄运的人，他们往往家境贫寒，而且家里总有人身体不好或早早过逝，飞来横祸和各种挫败也如影随形。旁人常感叹：为什么他们总是遭遇不幸？

墨菲定律启悟

如果事情还能更糟的话，它已经潜在着那么糟了，只是你没发觉罢了。

面对种种磨难，情况是否会变得更糟糕，也许取决于难以捉摸的命运，但最终能否取得成就，也和一个人的面临困难和挫折时所采取的人生态度有很大关系。不错，林肯的一生都在经历着糟糕的境遇，而且似乎越来越糟，但他没有选择退缩和自暴自弃，而是奋起拼搏，继续前进，因而他改写了美国的历史，最终成为最伟大的总统之一。而多数人在糟糕的境遇里只是一味的抱怨、乞怜，所以他们只有林肯的倒霉，却没有林肯的成功。

你越清楚厄运的危害，它就越快降临

每个人都不希望厄运降临，但是厄运是生活的组成部分。当我们遭遇厄运时，掌握此厄运的知识越多，越是糟糕。

Carry 和 Alisa 两人在体检时同时发现自己患了肝癌，并且处于中期，Carry 是个律师，Alisa 是个没什么文化的贫民。Carry 到处找书、找资料来看，懂得越多，越清楚癌症的危害，越是害怕，整天想着癌细胞会如何扩散、怎样转移，想着癌细胞扩散后的种种悲惨，结果不到一年就死了。而 Alisa 不知道癌细胞扩散后会出现什么症状，医院告诉她癌块切掉了，她就认真地相信了，所以整天笑呵呵，手术后竟然活了十多年。

医务人员患肝癌，几乎没有人能活过半年的，因为他们懂得太多了。有位外科医生路过本院 B 超室，突然想起来近期偶有肝区不适，顺便做了个肝胆 B 超，发现肝内约 6cm 的肝癌病灶，只活了一个星期。这还不是最快的案例，有的人得知诊断后，当天晚上就死了。

> **墨菲定律启悟**
>
> 你越是对某种疾病了解，越是会因它丧命。

精神紧张、情绪压抑、心情苦闷、悲观失望等不良心理是厄运的促进剂。而这些不良心理的产生往往是我们清楚厄运的危害后引发的。所以,当我们面临厄运的时候,只需要积极应对就可以了,千万不要太专注厄运本身的危害。

每件事都进展顺利,一定是哪里出了问题

墨菲定律发展到今天已经出现了众多的变体,"每件事都进展顺利,一定是哪里出了问题"就是其中之一。它告诫人们,当事情一切顺利时,要虑及可能发生的风险和问题。如果面临顺利的事情,就自我感觉良好,觉察不到内在问题的积累和外在的环境变化,最终将导致危机的到来。

迄今为止,人类历史上最惊心动魄的太空成就,莫过于美国。翻开美国的航天史,大家可以看到,从1958年成功发射美国第一颗人造卫星,到1969年首次把两名宇航员送上月球,并安全返回地球,几十年来美国在航天方面已创造了众多历史纪录,可以说是一切顺利。

航天史上的成就不能不令美国人自豪,在美国人沉浸在成功的喜悦中时,他们万万没有想到,1986年1月28日

> **墨菲定律启悟**
>
> 当一切都朝一个方向进行时,最好朝反方向深深看一眼。

"挑战者"号航天飞机在升空73秒后爆炸，7名宇航员全部罹难。

这次的空难使美国人接受了教训，此后美宇航局暂停了航天飞机发射任务。直到1988年才再次走上正轨。接着，航天事业又有了新的成就，又创造了很多世界记录。

然而，顺境中又出现了波折，2003年"哥伦比亚号"又重演了"挑战者号"的悲剧，在返回地面过程中空中解体，7名宇航员无一生还。

任何事物的发展都会遇到一些问题，由于前期的周密计划和谨慎行事，这些问题会被处理掉和弱化掉，这样，事情就获得了成功；但随着成功次数的增加，人们往往会在一帆风顺中逐渐忽视顺利之中隐藏的小问题，直至大问题的产生和爆发。

人生也是如此，不管你是多么幸运的人，在做事顺利时，都不要沉迷于成功的喜悦而对其中的小问题视而不见。如果今天看上去完美的话，明天将是终结，因为你没有发现完美之中已经产生的问题。**成功需要在各个环节上作准备，下力气，只有居安思危、常备不懈、未雨绸缪，才能避免功败垂成，或者由胜转败的结果发生。**

你迟早会变成你曾经厌恶的那种人

在不断成长和成熟的过程中，我们一天天的改变自己，甚至有时我们自己都没有发觉。蓦然回首，我们会惊愕地发现，我们正在一点点地向年少之时自己厌恶的那种人靠近，甚至已经变成了那种人。

小时候，我们都很厌恶婆婆妈妈、办事拖沓、朝三暮四；但我们也在日渐婆妈、日渐拖沓、日渐反复无常。

上学时，我们的爱情观充满浪漫主义的色彩，最鄙视的就是那些庸俗的门当户对，那些充满铜臭味的交易式婚姻；可是当我们为了生活和租房发愁时，当我们看到别人穿金戴银，开着车去郊游，而自己却在地摊上讨价还价，放假时只能坐在家里看电视玩电脑时，我们屈服了，一步步也成为一个把感情当作交易的人。

上班时，我们厌恶勾心斗角，鄙视左右逢源和溜须拍马，可是我们渐渐发现，当自己一直讨厌、拒绝、憎恨去做的事能获得很大的利益时，我们便不断地质疑自己的选择，并逐渐变得越来越像自己曾经讨厌的人了。

……

不得不承认，生活就如墨菲定律说的那样，你不想变成哪样，它就偏要你变成那样。很多东西，存在即合理。

人往往把生命浪费在一定会后悔的事上

生命不是无限的，短短几十年不过是弹指一挥间。生命对于时间长河来说是很短暂的，容不得我们一任时光无声地滑过。但墨菲定律告诉我们，人往往会浪费生命，而且是浪费在一定会后悔的事情上。

就拿游戏来说吧，在紧张的工作和学习过后，适当玩玩游戏，可以放松心情，减缓压力；但是，如果不加节制，久溺网络游戏，不仅给家庭带来沉重的经济负担，同时也是对自己生命的严重浪费。迷上网游的人，会有回到现实生活中的痛苦情绪和自我否定的消极体验，促使其再次回到游戏中，以逃避现实不愿承担其应有的责任。如果不从游戏的束缚中解脱出来，后果不堪设想。

据报道，一对韩国夫妇因沉迷于在互联网游戏中，导致自己3个月大的亲生女儿饿死。韩国警方证实，这对夫妇在婴儿死前，泡在韩国水原市的一家网吧打网游。让他们所沉迷的这款游戏是风靡全球的韩国奇幻游戏《守护之星》。在这款游戏中，这对夫妇需要悉心照顾一位外表酷似人类小女孩的生命体。在照顾这个虚拟宝贝的同时，他们竟将自己3个月大的亲生女儿独自留在家中直到饿死。

现实生活中，迷恋游戏，酿成悲剧甚至犯罪的事例数不胜数。人生短暂，面对游戏，我们一定要把握自己的行为，不要把时间浪费在一定会后悔的事上。

当然，有的人并不迷恋游戏，但迷恋赌博，或者执著于一场"三角"或"多角"恋爱，或者追逐一个难以实现的梦幻……这同样是一种浪费生命的行为。

人活着要清楚自己想要什么，生活应当有明确并且专一的目标，要抛弃那些妨碍自己的琐事，不要把时间和精力投入到对自己成就目标没有意义的事情上。与其把生命浪费在一定会后悔的事上，还不如多关心一下对你重要的事。

说到后悔，或许人人都有一段伤心事要诉说，但千万别把时间浪费在后悔本身上。**每个人都有过失，吸取经验教训**

> **墨菲定律启悟**
>
> 沉迷于游戏，就有可能会失去自我而被游戏所操纵，其后悔和叹息的事便会增加。

是必需的，但决不能深陷在无尽的懊悔之中，长久地在悔恨中活着。

如果光想着昨天，而放弃今天该做的事，自然对明天也不会有充足的信心，也许还会有更大的挫折感，而且这种挫折感会越积累越多，直到压得你痛苦不堪，喘不过气来。这是一种恶性的循环，你会一错再错，错上加错，最终荒废掉自己的一生。

愚蠢是不可避免的，因为它太有创造力了

在大多数人的眼中，愚蠢是一个令人厌恶的字眼，人们对于它总是见而避之，尽可能的使它远离自己。然而，事实上，每个人的骨子里都有愚蠢的成分，每个人也都有愚蠢的时候。

愚蠢的创造力真是无远弗届、无所不能，无论多么离谱和违反常识的事都会有人干出来。

一位亚利桑那人开枪打伤了自己。这倒没有什么可大惊小怪的，这种事情时有发生。可是为了呼救，这位受伤的人又开了一枪——打中了另外一条腿。

一个26岁的年轻人，名叫Sylvester-Briddell，朋友和他打赌，说他不敢拿着上满4发子弹的左轮枪对着自己的嘴，并扣动扳机。结果，他敢！

Mark在一公路上看到一场车祸，那不是一般的车祸，是一对年轻夫妻吵架，因一时气愤将不足周岁的小孩扔到车窗外，等他们停下车

想回去捡小孩时，扔出去的孩子已经被后面疾驰的车辆碾压，小孩已无生命迹象。

一个 47 岁的中年人，叫 Paul-Stiller，他和老婆在凌晨两点开车瞎逛时感觉很无聊，于是点了一包炸药想扔出窗外看看会怎样。很遗憾他们看不到了，因为车窗没打开。

不要觉得他们可笑，其实我们在生活中也会时不时地干出蠢事，比如在慌乱时，在自尊心受到挑战时，在生气争吵时，甚至在无聊时……

> **墨菲定律启悟**
>
> 天才和愚蠢的区别是天才有它的局限性。

任何人都难以避免在一生之中从不落入愚蠢的状态，特别是在年轻的时候，这都是人之常情，情有可原。况且，从上述的案例中我们都领教到了愚蠢的创造力是多么强。在这么强大的愚蠢力量面前，个人的心智和理性显得多么羸弱。

偶尔的愚蠢并不可怕，可怕的是常常愚蠢，甚至无休止地一直愚蠢下去。所以，我们要尽量保持理智，即使不能完全摆脱愚蠢，起码也要努力减少愚蠢。

好的开始未必有好的结果，坏的开始结果可能会更糟

人们常说："良好的开端是成功的一半。"但事实证明，有好的开端也未必有好的结果。

美好的开始，往往会让人放松警惕，以为事情会顺着自己的意愿发展下去，忽略可能会出现的错误，或者后继无力，终落惨败。例如：参加赛跑的人，起步固然要紧，但一开始冲在最前面的人，往往并不是最终的冠军，甚至连亚军、季军都不是。

人人都希望有好的开始，也有好的结果。但不管开始是多么的美好，我们都不要陶醉其中而停滞不前，如果一味沉浸于良好的开始而不去打算接着该怎么做，那么就会中途颓废，开始的美好也会随着事情的发展慢慢地出现问题，使事情向糟糕的方向发展。

因此，在人生的道路上，无论我们做什么事情，都不要虎头蛇尾。有了好的开始，一定要乘胜前进、持之以恒，把来之不易的良好势头深化下去，从而获得好的结果。

好的开始未必有好的结果，那么坏的开始呢？它给人们的阻力会更大，会更加艰辛，成功的希望会更加渺茫，结果可能会更糟。所以，墨菲定律警示人们，要注重事情的全过程，每前进一段路，都要为下一段路做好充分准备。

选择时纠结两个选项，结果总是没选的那个正确

生活中有很多选择题，当我们面对两个选项时，如果发现选择 A 好，选择 B 也不差，难免来回琢磨，不停纠结，到非决定不可的时候，心一横做出一个选择。结果在选过之后却发现，选到的是错的，没选的那个才是正确的。

这种现象让人哭笑不得，但之所以发生，也有其内在的原因。

纠结常常是因为两个选项各有利弊，而且利弊看起来似乎是对等的。如果我们想得到所有的利，避免所有的弊，自然会陷入纠结之中，因为任何事物都有两面性，即使乍一看视乎是绝对有利的事，其中也隐藏着不利的因素。趋利避害是人的天性，何况还有为数不少的人是完美主义者和优柔寡断者，所以，面对看起来差不多的两个选项，许多人自然不断纠结。

太贪心会使人变得盲目，希望得到所有的好处，就搞不清楚自己真正想要什么或合适什么。这在职业选择和婚恋决策中非常普遍，所以在做了选择之后难免会后悔。

除了选择盲目的盲目性之外，"没得到的总是最好的"之心理，也会使人们觉得没选的是正确的。

> **墨菲定律启悟**
>
> 如果有两种或两种以上的选择，而其中一种将导致灾难，则必定有人会作出这种选择。

经过以上分析可以看出，我们要打破这条墨菲定律其实并不难：在面对两难选择的时候，我们首先要认识自己，找到自己的真正需求，认清自己的特点和优势，不可太贪心，在此基础上再分析两种选择的利弊，选择适合自己的选项，这样我们就能大大提高选择的正确性。做了决定之后，我们还要有一个理智的头脑和健康的心态，选择完成后不要后悔，也不要总是对比，好好珍惜已经拥有的，用心经营决定了的事情。

正确判断来自痛苦的经验，而经验则来自错误的判断

人的一生面临很多纠结的选择题，向左走还是向右走，令人颇伤脑筋。有什么样的选择，就有什么样的人生。我们今天的现状是几年前选择的结果，今天的选择决定几年后的状况。很多人往往选择了不该选择的，放弃了不该放弃的，给自己的人生增添了很多烦恼。他们之所以做出了错误的选择，往往是因为缺乏足够的判断力。

人生是在一连串的判断下累积而成的，拥有正确且果断的判断能力是一个人在竞争激烈的社会中所应具备的基本条件。可以说，人生的较量都是依据判断而进行选择的一场智慧之战。

> **墨菲定律启悟**
>
> 经验是一种在需要之前没有的东西。

西方有一则寓言：

年轻人问智者：人的智慧从哪里来？

智者说：正确的判断。

年轻人又问：那"正确的判断"又是从哪里来的呢？

智者说：经验。

年轻人再问：那"经验"又是从哪里来的呢？

智者说：错误的判断！

年轻人还是不甘心：那"错误的判断"又是从哪里来的呢？

智者一笑：没有经历和体验过嘛！

读万卷书，不如行万里路；行万里路，不如阅人无数。没有经历、体验过东西，是很难有真知灼见的。

每个人最初都很难做出正确的判断，因为我们没有那么多经历和体验；但在一次又一次的错误判断和痛苦经验中，如果吸取了足够的教训，就能逐渐学会正确的判断方法，也就自然成为了一个智慧的人。

经验让人们避免旧错误又犯新错误

"人非生而知之。"一个人不是生来就有经验的，而是经历了很多错误的判断和痛苦的体验之后逐渐积累而形成的。

经验能让人明白下次遇到同样的事情该怎么办，从中避免走一些弯路，但也会让人犯机械教条地错误。因为，一切事物都是发展变化的，意外的情况时有发生，所以你不可能用经验避免所有的错误，如果过分依赖经验，囿于成见之中，不仅不利于创新，还会产生负迁移，甚至有可能犯下不可挽回的大错误。

一个登山队要攀登一座雪峰。登山前，队员们把食品、药物以及其他必备的登山器材都已准备妥当。登山队中有一位专家，他提醒负责人说："多带几根钢针。在寒冷的雪峰上，燃气炉的喷嘴很容易堵塞，需要用钢针疏通。"负责带钢针的是一位老登山队员，听了专家的话，他应道："好的。"但是，他并没有听从专家的建议，依然只带了一根钢针——他的经验告诉他：有一根钢针就足够了。

> **墨菲定律启悟**
>
> 墨守成规的人，是未来的悲观者和过去的乐观者。

但是，令人遗憾的是，这支登山队最终没有把脚印留在山顶上，所有的人都丧命于寒冷的雪峰上——关键的问题就出在要命的钢针上——那惟一的一根钢针在使用时一不小心折断了，而登山队再也没有第二根钢针。

世界上没有一成不变的事物，也就没有一成不变的经验。经验如果运用得当，可以起积极的作用，使我们避免很多错误，做事情事半功倍。但另一方面，经验也会使人们的思想僵化，在处理新事物或意外情况时又犯新错误。因此，生活中，我们要正确认识经验的作用，切莫掉入"经验"的陷阱。

第二章 墨菲定律之二：

你越是担心的事，越容易发生

| 墨 | 菲 | 定 | 律 | 启 | 示 | 录 |

你越是害怕某事发生，它越是有可能成真

生活中我们常常遇到这样的事：怕什么来什么。在面对一些重要人物或关系重大的事情时，人们常常害怕出差错，结果越是害怕，往往越是会出差错。

这条墨菲定律被无数事实所证明，在体育、文艺比赛中，在考试、竞选、竞聘时，因过分看重成败反而"砸锅"的事屡见不鲜，这在心理学上被称为"瓦伦达心态"。

瓦伦达家族也许是世界上最伟大的高空杂技演员世家。20世纪70年代早期，70多岁的卡尔·瓦伦达说，在他看来，生活如同走钢丝，一切都是机会和挑战，对此人们赞叹不已。他那种专心致志于目标、任务和决策的能力令人钦佩不已。但几个月以后，在没有安全网的情况下，瓦伦达在波多黎各的圣约安市的两个高层建筑之间进行高空走钢丝表演时，不幸坠落身亡。他在掉下时手中仍紧紧抓着平衡杆。他曾一再叮嘱他的家庭成员不要把杆扔下，以免砸到下面的人，他用自己的生命实践了自己的话。

事后，瓦伦达的妻子痛心地说："我料定他这次一定出事，因为他在上场之前，总是念念不忘地念叨着：这次演出太重要了，我只能成功，不能失败。在这之前的历次演出中，他只关心走钢索本身，其

他事情毫不考虑。而这一次，他太重视演出的成败了，所以出了事。"后来，心理学家把那种过分地担心事态的结局，内心充满了患得患失的心态叫做"瓦伦达心态"。

美国斯坦福大学的权威人士通过一项研究得出科学结论：人大脑中的某一想像图像，会刺激人的神经系统，把假想当作真实情况，并为此做出努力。譬如，当一个高尔夫球运动员在击球之前，担心自己把球打进水里，他就一再告诫自己：千万不要把球打进水里去。这样，在他的大脑中便自然会出现一幅"球掉进水里"的清晰图像。其结果往往像是莫非先生有意开玩笑，击出的球果然就掉进了水里。这项试验从另一个方面证实了"瓦伦达心态"确有其事。

可见，在事关重大的事情中，放松自己，保持一颗平常心是多么重要！如果把成败得失看得过于严重，拿得起，放不下；赢得起，输不起，总是考虑这、顾虑那，时时处于紧张、忧虑、恐惧、烦躁的状态中，这怎么可能把事做好呢？只有精神轻松，情绪稳定，才能发挥出最佳水平，取得满意的结果。

> **墨菲定律启悟**
>
> 如果你担心某种情况发生，那么它就更有可能发生。

墨|菲|定|律|启|示|录

你不害怕某事发生，它也可能发生

很多人都知道，越是害怕糟糕的事情发生，越是有可能成真；于是有人就说，那我不害怕，就不会发生了吧？对此，墨菲定律告诉我们：即使你不害怕，也可能发生。

在这个世界上，有太多的事情是我们所不能控制的，我们所能做的，只能是用平和的心态去面对和接受它，而不是为之担忧和害怕。

莎拉·伯恩哈特是19世纪和20世纪初最有名的法国女演员。她很懂得如何去适应那些不可避免的事实的人。后来，她在71岁那年破产了——所有的钱都损失了——而她的医生、巴黎的波兹教授告知她必须把腿锯掉。事情是这样的：

她在横渡大西洋的时候碰到了暴风雨，摔倒在甲板上，她的腿伤得很重，她还染上了静脉炎，腿痉挛，剧烈的痛苦使医生诊断她的腿一定要锯掉。这位医生有点怕把这个消息告诉那个脾气很坏的莎拉。他相信，这个可怕的消息一定会使莎拉产生剧烈的情绪波动。

可是他错了。莎拉看了他一阵子，然后很平静地说："如果非这样不可的话，那就只好这样了。"

墨菲定律启悟

没有任何限度的接受可以改变现实，即必要的时候，困难再大也要敢于担当。

当她被推进手术室的时候,她的儿子站在一边伤心地哭。她朝他挥了挥手,高高兴兴地说:"不要走开,我马上就回来。"

在去手术室的路上,她一直背诵着她演过的一出戏里的几句台词。有人问她这么做是不是为了提起自己的精神,她说:"不,是要让医生和护士们放松些,他们受的压力可大得很呢。"

当手术完成、恢复健康之后,莎拉·伯恩哈特依然继续环游世界,使她的观众又为她疯迷了7年。

当事情既已发生或者必然发生的时候,我们除了接受以外,别无他法。害怕、抗拒、愤怒不能解决任何问题,只能使事情变得更糟。而当我们不再反抗那些自己无法控制的事之后,我们就能节省下精力,创造出尽可能丰富的生活。

越想要什么,就越是不能得到什么

与"怕什么来什么"相对的是"要什么不来什么"。

为什么越想得到越得不到?主要有三个原因:

第一,和"怕什么来什么"一样。由于太想得到,失去了平和的心态,导致不仅无法正常发挥,而且还差错不

> **墨菲定律启悟**
>
> 人们总是注意到自己失去了什么。

断，甚至弄巧成拙，最后无法得到想得到结果。

第二，"得之者鄙，失之者珍"的心态在作怪。比如，很多人渴望身体健康，结果总是疾病缠身；渴望早点生孩子，可就是迟迟不能怀孕。其实，这些人之所以会产生这些渴望，往往是因为Ta们已经在不知不觉中意识到了自己不健康或生育能力有问题，所以越来越关注，越来越渴望。相反，一个身体非常健康的人，一个生殖系统没有问题的人，就没有这些渴望，因为Ta们已经拥有了。这种心态很普遍，所涉及的领域也很广泛，诸如恋爱、婚姻、家庭、职业等方面，人们常常对那些拥有的东西不屑一顾，却对那些失之交臂的东西分外珍惜。

第三，被禁止所激起的好奇心驱动。心理学上有个"潘多拉效应"，其名称来自于一个古希腊神话。神话中说，宙斯给一个名叫潘多拉的女孩一个盒子，告诉她绝对不能打开。"为什么不能打开？还要'绝对'？里面该不是稀世珍宝吧？"潘多拉越想越好奇，越想揭开真相。憋了一段时间后，她终于把盒子打开了。谁知盒子里装的是人类的全部罪恶，结果让它们都跑到人间了。心理学把这种"不禁不为、愈禁愈为"的现象，叫"潘多拉效应"或"禁果效应"，通俗地说，就是人们对越是得不到的东西，就越想得到；越是不好接触的东西，就越觉得有诱惑力；越是不让知道的东西，就越想知道。

知道了"要什么不来什么"的原因，我们即使不能战胜这条墨菲定律，起码也能活得明白，尽量防止事与愿违现象的发生。

没有什么事情会糟到不能更糟

早上睡过头了,以最快的速度穿戴整齐,径直朝公司奔去,可刚走到楼下,从没出过问题的鞋子竟然掉了一个跟,好不容易到了办公室,却被上司骂了个狗血喷头,于是内心不禁抱怨自己真是倒了大霉了……

此时,如果你能想起墨菲定律,或许心情就会好一些,因为它会让你明白,自己目前遇到的情况并不是最糟的。比如上面的事情,早上只是睡过了头而不是醒来发现自己生病了,更不是一睡不起;好歹能穿戴整齐,没把衣服传反,衣服也没被扯坏;顺利地走到了公司楼下,途中没有遇到事故;只是鞋跟掉了,脚还没崴;虽然被上司骂得挺惨,但并没有降级降薪,更没有被开除……

所以,不要遇到点糟糕的事情就抱怨不迭,觉得自己是最倒霉的那一个。**没有什么事能糟到不能再糟,总有更糟的事情你没有遇到,也总有人比你更倒霉。**

在美国佛罗里达州曾经发生过这样一件事情。

一个男人正在院子里修摩托车,他的妻子在厨房做饭。可是这个男人不小心将摩托车发动了,

> **墨菲定律启悟**
>
> 可能出错的事,总是没完没了。

而且还加大了油门，更倒霉的是他的手还卡在车子的把手上，他就这样被摩托拖着朝房子的玻璃门撞去，最后跌坐在地板上。妻子听到声音赶紧从厨房跑了出来，看到丈夫满脸是血地在地上坐着，立即就打电话叫了救护车。救护车很快拉着丈夫去了医院，她留在家里收拾，她将摩托车推到院子里，又用纸巾把从车上洒落在地板上的汽油擦净，然后将这些脏纸巾倒进了卫生间的马桶里。

男人的伤势不算重，在医院包扎后就回家了。到家后他进卫生间方便，由于心情不好，他抽了一支烟，抽完后就顺手将烟蒂从两腿之间扔进马桶。接着，妻子在厨房里听到了很响的爆炸声和尖叫声。她跑进卫生间，发现丈夫躺在地上呻吟，他的裤子已经成了碎布片，屁股也被炸成了焦炭一样。她再次打电话叫了救护车。

医院派来的救护车仍是刚刚来过的那辆。护工们一边用担架将受伤的男人抬出家，一边询问原因。当女人讲述了来龙去脉后，一个护工忍不住笑了起来。这时正好是下台阶，该护工手脚一软将伤员从担架上摔了下去，结果这个倒霉的男人又摔断了胳膊……

很多人都觉得自己是最倒霉的人，生活中，我们可以听到很多类似"我是世界上最倒霉的人"、"事情糟得没法再糟了""为什么我这么倒霉"等等这类的话，总之，就是很郁闷、很难过、很痛苦，生活真是没劲儿透了，活着还有什么意思？

其实，听完 Ta 们的叙述，你会发现 Ta 们遇到的情况并不是特别糟，比 Ta 们倒霉的人也大有人在。

所以，当我们遇到倒霉的事情时，要调整心态，想想墨菲定律，想想那些更糟的情况和更倒霉的人。这样，我们就能改变自己的心情。

如果你遇到麻烦，你就会再给自己添麻烦

有时候，糟糕的境遇会爱上你，各种麻烦跟你形影不离，你到哪里它就跟到哪里，生活变得一团糟，你的心情完全像"乌云遮月"一样阴暗。

> **墨菲定律启悟**
> 当你有了烦恼心，世界的一切确实都不好。

那么，为什么会产生这种接二连三交背运的状况呢？虽然其中有巧合的因素，但更重要的原因是由于心理失衡造成了不良心态所引起的。

在心灵科学中，有一个著名的吸引力法则：遇到麻烦的人，如果把注意力放在了目前的麻烦事上，那么Ta吸引的将是与前面的麻烦频率一致的事物。比如：疾病，灾祸、死亡等等。而这些麻烦又让Ta们的思维更加处于逆流之境，又吸引更多的麻烦！如此恶性循环，无休无止。除非Ta们能调整心态，扭转思维。

其实，中国的古人早就发现了这个规律，"祸不单行"就是最具代表性的说法。实际上，祸未必不是单行，只是一旦灾祸来临，人的情绪容易恍惚不安，对祸的感受也更加的敏感，更容易引起别的连锁的灾难，甚至平常觉得不是什么祸的事你也会感觉是祸了。

心理学知识告诉我们，生活中各种"麻烦"，如环境变化、工作挫折、家庭不和、丢失财物、生死离别等等，都会打破原有的心理平

衡，使人的心态处于消极和悲观之中。在这种心态下，人便会心不在焉，或失去理智，因此就相对容易出错或发生事故，所以，正如墨菲定律所说，人一旦遇到麻烦，就很容易再给自己添麻烦。

因此，当我们遇到麻烦后，首先要客观对待，遇到问题就事论事处理事，找到造成问题的真正原因，养成分析问题、解决问题、终结问题的习惯。其次是学会控制自己的情绪，及时调整自己的心态，并培养临危不乱、镇定自若的心理素质。

笑一笑，明天未必比今天好

人们常说：笑一笑，明天会更好。事实上，有些事情我们永远无法去改变，不管你是哭还是笑，面对那些已经发生的和即将发生的事，都显得那么无能为力。

任何人有再乐观的人生态度，再长远的打算，甚至是有千秋万代之宏愿与美梦的古代帝王、天子，其命运也是多灾多蹇，有的甚至不堪一击。在死亡面前，人人平等；在灾难面前，人人脆弱；在宇宙面前，人人渺小。

正如刘一平在《夜游茵莱湖》一文中所说的，在宇宙的恢弘、精妙的结构和神秘的演变面前，人类实在太渺小，太脆弱。完全可以这么想像，在宇宙的眼中：人类自视为力拔山兮的壮举不过是行蚂蚁之力，无数"伟大"的发明创造只是雕虫小技，一次次发动的厮杀得天昏地暗、山崩地裂的战争，充其量也就是一群蚁虫在拳打脚踢，在无边无际的天体中荡起一粒尘埃而已。

即使是对自己的命运，人类能改变的东西也很少。无论是哭还是笑，你都不能改变自己的出身、血型、种族、衰老和死亡。人生是不完美的，有些事实无论我们采取什么态度都无法改变，有些灾难不管我们多么聪明都无力抗争，有些缺陷无论我们怎么努力都无法弥补。

人生充满戏剧化，天灾、人祸、病痛是我们生命历程中不可预知的，谁也不知道明天会发生什么。这是客观规律。不要总是寄希望于明天，明天也未必比今天好。有些人今天健康明天却走向残疾，有些人今天处于生命的巅峰，明天却走向低谷，有些人今天高兴地计划明天要做的事，却不知他的生命将于今夜结束。

当然，这并不是说我们的态度不能改变任何东西，墨菲定律只是在提醒人们，不要盲目乐观和妄自尊大，以为自己什么都能改变。

面对不可改变的东西，哭泣和抱怨自然于事无补，示以微笑也未必能使明天变好。一方面，人类能用态度改变的东西并不多；另一方面，即使是那些能改变的东西，如果只是笑一笑而不去努力行动，明天也不会变好。

所以，对于无法改变的，我们要坦然地接受，而不是怨天尤人或做徒劳的抗争；对于能改变的，不仅要微笑着面对困难，又要抓住今天，脚踏实地去克服困难，以争取更好的明天。

规划的美好前景未必不会出现变故，如果没有今天，计划的明天就会落空。今天的努力，就是为了更好的明天。明天的前途，取决于今天努力的结果。只有把握好今天，才能收获明天，才能坦然面对纷繁芜杂的尘世。

墨|菲|定|律|启|示|录

容易接受的改变，往往越变越糟

很多人都明白心态的重要性，于是在看过一些书籍或听到一些朋友的忠告后，就想改变自己的某些不良心态。但到真去改变时人们会发现，那些能让自己变得好起来的改变会令自己感觉很别扭；而那些会让自己变得更糟的改变，则很容易接受。

人是惯性的动物，天性喜好避苦趋乐，我们都有意或者无意地都贪恋自己的心理舒适区。

什么是心理舒适区？

所谓"心理舒适区"，是人感到熟悉、驾轻就熟时的心理状态。生活中，当我们面对新挑战，需要

> **墨菲定律启悟**
>
> 抵制改变的人不免要走下坡路。

做出的改变超出了原先的模式，内心会从原本熟悉、舒适的区域进入到紧张、担忧甚至恐惧的"压力区"。很多人面对"压力区"会选择退回来。而如果只在心理舒适区进行改变，人就容易接受。

然而，既然容易接受的改变在心理舒适区之内，那么，这种改变就没有突破性。不仅如此，它还常常会强化不良心态。比如，一个喜欢独处、惧怕交际的人，假设每周原本有 5 个小时的对外交际，把每周的交际时间改为 7 小时与改为 3 小时相比，后者更易被 Ta 接受，但这只会让 Ta 更加孤僻。

所以，要想祛除坏心态拥有好心态，就要记得这条墨菲定律，不要抵制突破现有的心理舒适区。当你硬着头皮坚持下来，会惊喜地发现，你付出的一切都是值得的，因为你的心灵成长了，生活又开启了一片新天空。

不可能让乐观主义者感到惊喜

乐观主义（另称乐天派）是指一种对一切事物采与正面看法的观念，是悲观主义的相反词。乐观的人不会想到一件事的缺点与瑕疵，永远以正面的想法对待身边的一切。许多人认为乐观比悲观好。

其实，悲观的心态未必会导致失败的人生和乐趣全无的人生。悲观主义者比乐观主义者更能够欣赏世界，因为Ta们不期待发生好事，所以如果有一次普通的成功，也会让Ta们感到惊喜。

墨菲定律启悟

乐观主义者声称相比前生和来世，我们生活的世界是最好的，悲观主义者就怕这是真的。

悲观主义者一般对即将进行的事做好最坏的打算，抱最低的期望。所以，如果情况真是如预想的那样糟糕，也不会受到太大打击。这使悲观主义者表现出很强的承受能力。Ta们在失败之后，仍然可以总结教训，从头再来。这可以帮助悲观主义者养成坚持不懈的行为模式，让Ta们的生命看似柔弱，实则坚韧，而且易于从挫折中获得成长。

实际上，悲观主义者往往比乐观主义者更易取得成功。心理学研究表明，在对类似赌博实验的成功概率进行预测时，悲观者预测的数据较之乐观者要准确得多。因此，悲观者更有可能做出正确决策。

美国心理学家诺伦做了许多研究来探讨乐观和悲观的问题，她发现悲观主义者由于抱着很低的期望，所以，会"逐一检视所有可以想像到的后果，然后花很多时间和心力在脑子里预演各种可能的状况，直到很清楚需要做好哪些准备，才能成功。""通过这种周密的心理排练，悲观主义者可以未雨绸缪，为各种可能的结果预先规划和演练，控制感也会大为增强。"**在优胜劣汰的自然和社会环境中，未雨绸缪的危机感是人类以及其他动物赖以生存的心理基础，它能帮助人们获得较高的成功率。**

虽然看起来乐观有益身心，但盲目的乐观往往会忽视现实，把人世看得太单纯，把事情看得太容易，每致陷于懒惰懈怠，喜苟安，不紧张，不知盘根错节，艰难困苦，甚至处于覆巢积薪之下，做了釜底游鱼，还恬然自嬉，不知危惧。所以，一旦遭遇挫败，往往会受到很大的打击。而如果像乐观主义者预想得那样顺利或成功，也不会有什么惊喜，因为这早就是意料之中的事。

世界上并不存在失败，除了心理上的

墨菲定律告诉我们，由于自身的主观原因和来自环境的客观原因，人总会出错，所以我们也必然会遇到挫折和失败。

面对的失败和挫折，有情绪上的不良反应是很正常的，严重的挫折还会在人的心理上引起强烈的反应，给人带来巨大的压力。如果人长期受这种挫折的折磨，就会形成不良的心态，颓废消沉，甚至一蹶不振。

在这种情况下，有的人愤愤不平，喜欢把错误和失败迁怒于其他人，而不懂得自我反省，还容易变得冷酷无情，玩世不恭；情况如果更为严重的话，还会使人精神失常，产生心理疾病，甚至还会让人在冲动之下做出报复或轻生的举动。

人生之路并非总是平坦的，遇到坎坎坷坷不可避免，不管是来自工作上的，生活上的，感情上的，或是其他方面的，都不要被失败所吓倒。 社会是一个全能竞技场，每个人都是这个竞技场上的运动员。不管你愿不愿意，一项接一项的竞赛免不了。既然是竞赛，就有赢有输。胜败乃兵家常事，每个人都会有输的时候。在一些竞赛中输了，败下阵了，实属平常，没有谁是全胜的。

输了一项比赛，甚至连输几场，不可怕，人生的竞技场上还有无穷无尽的竞赛项目，还有翻身的机会，还有胜多输少的可能。而且，与体育赛场不同的是，在人生竞技场上，即使你以前多个项目都失利、失败，只要在一个重要项目上获胜，你就是胜利者，是赢家。更重要的是，人生竞技场上的竞赛项目不是固定的，也不是都由别人确定，你可以为自己创造全新的竞赛项目，自己率先做新项目的冠军。

所以说，除了心理上的失败，世界上其实并不存在失败。当托马斯·爱迪生发明电灯泡时，他有过成千上万次的失败。他将结果记录下来，做适当的调整再不断尝试。他在有过将近一万次的试验之后才制作出了电灯泡。有一次一位助手问他为什么在这么多次失败后还不放弃。爱迪生告诉他他

> **墨菲定律启悟**
>
> 失败发生在彻底的放弃之后。

从未失败过,他只是知道了一万种行不通的方法。在爱迪生的心里不存在失败这种东西。

个人心理学先驱艾尔费烈德·艾德勒说:"你愈不把失败当作一回事,失败愈不能把你什么样。" 的确,经历了沉重的打击,谁心里都不会很好受。但是即使是一个无知到不会写自己名字的人,如果他有坚忍的毅力,他还是有希望的;即使是一个残疾人,如果他有勇气,他就有希望。但是如果一个人经受了几次打击就灰心丧气,难以自拔,毫无斗志,那么他就没有希望。

自以为拥有财富的人,其实是被财富所拥有

适度的物质财富是必需的,追求功名以求实现抱负也是对的。在一定限度内,财富的增多可以提高生活质量。

但是,请注意,是在一定限度内。一个人的身体构造决定了他真正需要和能够享用的物质生活资料终归是有限的,多出来的部分只是奢华和摆设。

加州大学圣迭戈分校的管理学教授大卫·施卡得认为,一旦你获得了温饱,钱多钱少对你来说真的没有太大差别。他说:"一旦你跻身中低收入阶层,你要收入增加很多才会觉得生活有了明显的不同。钱是重要的,但并不像

> **墨菲定律启悟**
>
> 人之所以痛苦,在于追求错误的东西。

人们认为的那么重要。"

什么是富有？如果你是一个淡泊的人，很少的一点金钱，对于你就已经是富有，因为再多了你就不再需要了。而你如果是一个追求奢侈生活的人，那么不论你有多少金钱，你也是贫穷的，因为欲壑难填。

培根曾说："对于财富，我充其量只能把它叫做美德的累赘。财富之于美德，犹如辎重之于军队，辎重不可无，也不可留在后面，但它却妨碍行军。不仅如此，有时还因顾虑辎重，而丢掉胜利或妨碍胜利。"如果我们在财富面前有这样达观的标准，财富就是我们的奴隶，就是我们人生的快乐和幸福生活的工具。而如果我们每一天都在为如何增加财富的数量殚精竭虑，我们就成了财富的奴隶。

人的一生面临许多关卡，许多事情都是难以预料的。不管是地位还是财富，都不是完全由自己所决定的。或许高官厚禄、巨额钱财在顷刻之间就会离你而去，荣耀风光成为黄粱一梦。人生短短几十载何必活得这么辛苦？

富贵荣华生不带来，死不带走。如果我们看破了这一点，对于世间的荣华富贵不执著和贪恋，那么我们的心中自然就会平静如水。

如果你自己觉得很得意，这种感觉很快就会过去

生活中，人人都会有得意的机会：功成名就，我们可以得意；晋级加薪，我们可以得意；被上司赏识，我们可以得意；被同事称赞，

我们可以得意……

但是，得意，不能忘形，因为得意和失意往往会在瞬间转换。

《伊索寓言》里有一篇《蚊子与狮子》，讲得是一只蚊子在狮子身上乱咬，狮子却拿它没办法。那只蚊子认为它很了不起，奏起凯歌，得意忘形的飞舞，一不小心撞到蜘蛛网上。临死前，它感叹道："我曾经打败过庞大的狮子，没想到今天竟死在一只小小的蜘蛛手上。"它悔不当初，可是一切都晚了，蚊子最终成为了蜘蛛的盘中餐。

一般来说，人在得意的时候，就容易自我感觉良好，虚荣心会极度膨胀，甚至变得眼高于顶，忘乎所以，这就常常会使人和事由盛转衰，甚至一败涂地，出现乐极生悲的惨痛局面。

> **墨菲定律启悟**
>
> 活在别人的掌声中，是禁不起考验的人。

当然，一般情况下多数人都是不能免俗的。因此，如果得意，可以高兴一下，把握好度就行，但不能过于得意，更不要忘形。而且，不能光只是高兴，应该想想怎么才能维持好运，永葆成功。

别人的东西吃起来总是可口些

你一定还记得，小时候吃东西，如果有其他小朋友在旁边，自己吃得总会香些，要是去别人加吃饭，那就吃得更香了。

不要以为只有小时候才干这种可笑的事，我们长大后依然还会觉得别人的东西好吃些。也许是因为自己家的饭菜总是老一套，需要换换口味、尝尝鲜，也许是因为吃别人的东西不必心疼，总之就是自家的东西总是没别人的东西可口，即使是完全一样的东西。

大人总是比小孩子要复杂得多。小孩只是觉得别人的食物和玩具好，而大人则远不止这些。

别人的男友浪漫大方，别人的女友温柔可爱，别人的丈夫体贴幽默、别人的妻子贤惠性感，别人的孩子聪明乖巧……

我们总是会对熟悉的东西似乎觉得价值更小一些，而对新奇的东西会有更浓厚的兴趣，这是一种本能，与生俱来。它有积极的作用，如果没有它，人人都毫无进取心了；但它也会使我们不重视已经拥有的，去追求不属于自己的东西。

人总是会不由自主地和别人比较，特别是比较别人有的，而自己没有的东西；即使自己和别人都有，可是由于自己不怎么自信，还是会觉得别人的东西比自己的好。

斯坦福大学心理学家亚历山大发现，大多数人都容易看不到别人的"不好"，因此，总觉得自己过得没别人好。其实，难念的经不仅是家家有，而是人人有，每个人都各不相同，也

墨菲定律启悟

最好的玩具是别人正在玩的那个。

没有太大的可比性。盲目地拿自己的不幸与别人的幸福比，只会打击自己的信心，给自己增加一些无谓的烦恼。

**每个人选择的人生之路不一样，幸福和成功的角度也会各有不同。当你对别人"羡慕嫉妒恨"的同时，说不定也有别人在对你"羡

慕嫉妒恨"呢！因此，我们要调整心态，学会珍惜，学会自信，学会正确地比较。

学会开车，你才能真正学会骂人

有的人是谦谦君子，比较注重自己的言行，从来不说脏话，可是一旦学会开车，很快就像变了一个人，学会了满嘴脏话；有的人平时就爱爆粗口，但等到学会开车以后才发现自己以前并不怎么会骂人。

汽车改变生活，开车改变心态。无论是淑女还是绅士，自打成为"驾车一族"后，往往发现自己如墨菲定律所说，一上路就耐心渐失、脾气见长：堵车和路况不佳时要骂人；看到别人违章，影响了自己要骂人，没影响自己也要骂人；周边车辆加塞或者超车要骂人；遇到新手开车不懂规则要骂人；步行者和骑自行车的人惹了你，要骂人；比你的车差的车惹到了你，要骂人；比你的车好的车惹了你，更要骂人……

调查显示，很多"驾车一族"几乎每天都是开一路骂一路，有的甚至斗气、暴怒，发展成为"路怒症"患者。

"路怒症"顾名思义就是带着愤怒去开车，指汽车或其他机动车的驾驶人员有攻击性或愤怒的行为。比如，2007年10月，一名莫斯科司机，因为嫌过斑马线的行人步子太慢，并且对他的喊叫不加理睬，便异常愤怒地掏出手枪，瞬间就放倒了3个行人。

"路怒症"虽然还算不上疾病，却是一种不安定情绪的有害累积，长此以往，驾车者常常不自觉地将种种导致不快的负性因素积累起来，久而久之，开车时会习惯性地产生负面情绪，甚至引发负性因素大爆发，导致情绪失控危及他人。

> **墨菲定律启悟**
>
> 百分之八十的司机都认为自己的驾驶水平中上。

消除"路怒症"，要从调整心态开始，比如：培养宽广的胸怀，凡事不要太计较，抑制好胜心，克制报复欲。另外，还可以在车内稍作布置，使其温馨舒适；随身可带零食、饮料等犒劳自己，或者将家人的照片放在车里显眼的地方，让自己的心静下来。

怨恨不一定会伤害别人，却一定会伤害自己

怨恨是人对受到深深的、无辜伤害的自然反应。但墨菲定律提醒我们，无论是被动的还是主动的，怨恨都是一种郁积着的邪恶，它窒息着快乐，危害着健康。它未必能伤害怨恨者，却从多方面伤害着怨恨者。

生活中，可能会有很多人有心或无心地伤害了你，如果你要逐个去报复的话，那你就会生活在痛苦的仇恨里。

这个故事发生在18世纪：美国路易斯安那州的一个农场里住着农夫费兰克和他的一家人。一年秋天，他去镇里卖粮食，家里却发生了一场惨祸：他的妻子和五个孩子被一伙盗贼杀死了！警察局抓到了三个人，但主犯却逃脱了。费兰克愤怒欲狂，他发誓，一定要抓到那个杀人犯，给家人报仇。就这样，费兰克追查了整整33年，终于在德州的一个小镇里发现了那个人的踪迹，而此时费兰克已经是67岁的老人了。他踢开了杀人犯小屋的门，冲了进去，却发现那盗贼正躺在床上痛苦地喘息，他马上就要死去了！那苍老的吓人的盗贼乞求费兰克一枪打死他。费兰克没有那样做，他离开了小屋，坐在路边失声痛哭，他耗费了自己一生最好的光阴，结果得到的竟然是这样一个结局。

费兰克的经历真是一个悲剧，33年的时间里，他的生命里除了怨恨一无所有，而他得到了什么呢？一个衰老快要死去的仇人，他的报复对那个仇人来说甚至是解脱，那他这么多年的仇恨有什么价值呢？

墨菲定律启悟

憎恨别人就像为了干掉一只耗子而不惜烧毁你自己的房子，但耗子不一定被干掉。

有位哲人说：不是某人使你烦恼，而是你拿某人的言行使你烦恼。所以，千万不要拿别人的错误惩罚自己，它会使你的生活失去秩序，行为越来越极端，最后受伤害的还是你自己。

如果说，对伤害过自己的人都可以宽恕的话，那么我们就更没有必要计较琐事了。其实人生没有多少事值得斤斤计较，因为人生本来就没几件大事。

墨菲定律还告诉我们，不要跟无生命的物体较劲。可是，生活中就有人不仅和人计较，和没有生命的物体都计较。比如，有的人打不开盒子，就怒气冲天，把盒子摔破；电脑出了问题，就冲电脑撒气，甚至把电脑砸掉。想一想，和人生气都没必要，和没有生命的物体生气就更显得可笑了。

一个事事都计较的人，会失去很多东西。如果有一颗宽容的心，不去计较那些琐事，就能够把现实世界中的世道人心看得清清楚楚、明明白白，在生活中找到幸福的真谛。

得不到别人的尊重的人自尊心最强

自尊心是尊重自己，维护自己的人格尊严，不容许别人侮辱和歧视的心理状态。自尊既包括对获得信心、能力、本领、成就、独立和自由等等的愿望，也包括来自他人的敬重，例如威望、承认、接受、关心、名誉、地位等等。

人都是应该有自尊心的，正确的自尊是一种积极健康的心态。但什么事都是过犹不及，自尊心太强不是好事。一般这样的人会比较敏感多疑，对旁人的一些语言或行为产生过度反应。

墨菲定律认为，极强的自尊都是由强烈的自卑来的。由于自卑，怕别人看不起，所以才会用更强的自尊来保护自己，让自己免于伤害。但是按照墨菲定律的规律，越是这样，越是难以得到别人的尊重。而由于无法得到别人尊重，自卑的人就越是容易用强烈的自尊心保护自己。如此，便形成了恶性循环。

其实，每个人都有自卑，也都有自尊。在我们内心，自卑与自尊经常会发生冲突，但善于调整心态的人，能平衡好二者之间的关系，显得平和、从容、淡定和自信；而心态不好的人，则在极其自卑与自尊间苦恼、挣扎，有的用封闭的方式固守一片小天地保护自尊，有的用自以为是的方式掩盖自卑，从而获得虚假的自尊；还有的用激烈的反应维护自尊，在不自觉中伤了自己，也伤了别人。

要想得到别人的尊重，一方面需要自己尊重自己，另一方面也要尊重别人。如果总拿自尊当自卑的遮羞布，也就无法做到尊重别人；而不尊重别人的人，自然也得不到尊重。因此，我们应放下过度的戒备，培养宽广的心胸和扎实的自信，用自己的修养和实力赢得别人的尊重。这不仅有利于满足自己的自尊需求，而且能提高自信心，从而拥有一个良好的心态。

第三章　墨菲定律之三：

在自我认知上犯糊涂，
就会麻烦不断

知道自己，是好勇斗狠的最终方式

我们常常以为最大的威胁来自别人，但墨菲定律告诉我们，其实我们最大的敌人就是自己。缺少内省反思的心理一直在阻止我们对自己的正确认识。

据说，在希腊帕尔纳索斯山南坡上的神殿门上面，写着这样一句话："认识你自己。"古希腊哲学家苏格拉底最爱引用这句格言教育别人，因此后世人们往往错误地认为这是他讲的话。但在当时，人们则认为这句格言就是阿波罗神的神谕。这其实是家喻户晓的一句民间格言，是希腊人民的智慧结晶，后来才被附会到大人物或神灵身上去的。

有意思的是，两三千年前这句格言看来直到今天还有现实意义。你知道自己吗？谈何容易！一些心理学家有这样的论断，我们对自己的了解，不超过10%。很多时候，我们不习惯观察自己，而只注重外界。

中国兵法曰："知彼知己，百战不殆。"战胜别人容易，知道自己、战胜自己却非常难。倘若能够面对自己，反省自己，敢于跟自己过不去，就能克服自身的弱点。

墨菲定律启悟

愚痴的人，一直想要别人了解他；有智慧的人，却努力地了解自己。

有些人之所以热衷于跟好勇斗狠，是因为 Ta 们活得不够自信，需要从他人的失败中找回自己、找到自信；Ta 们需要从他人的征服中找到快感、找回希望。

低层次的武林高手总是热衷于整天找别人比武较量，但高层次的高手从来都不如此，或者说 Ta 早已过了这个整天找人比武较量的时期与层次，Ta 需要的是认识自我，突破自我，提升自我，征服自我。

人生最大的敌人是自己，人最难认识的是自己，最难战胜的也是自己。所以，我们应当记住墨菲定律的提醒，努力认识自己，战胜自我，找到自己在生活中的位置，从而使自己的人生更精彩、更幸福、更灿烂。

你很难像发现别人的缺点一样准确地发现自己的缺点

物没有百分之百地纯，人没有百分之百地优。人都有缺点，这是天生的。基本上我们每个人都具备一个缺点，这就是墨菲定律所说的，我们非常容易而且准确地发现别人的缺点，却很难准确地发现自己的缺点。这就像擦窗，不干净的老是在另一面。

从人体的生理结构上说，当我们放眼环顾四周的时候，基本上不费什么力气；可是当我们想看看自己的时候，还要借助镜子等工具来实现，所以，发现别人的缺点自然比发现自己的缺点快且准。

从心理上来说，不管我们是否自称谦虚，很多时刻我们评价他人的潜在前提是"我是完美参照物"。但事实上,任何人都不是完美的,于是,我们就想方设法"藏短",不敢正视自己的缺点。看到别人的不足,让我们产生一种高于别人的优越感,会让我们开心一点;而如果看到自己的缺点,则会让我们产生一种低于别人的自卑感,让我们不开心。

绝大多数人往往选择让自己开心的,而不是选择正确的。

发现别人的缺点是谁都会的事,发现自己的缺点则既需要认真的自我反省,更需要挑战自尊的勇气。我们要不断的叩击灵魂,把自己放在不同的环境中,与人与事参照,经常分析鉴别,从思想深处切切实实把看人与省己结合起来。只有这样,才能认识自己,才能找出克服不足的途径,从而不断提升自己。

> **墨菲定律启悟**
>
> 看不到自己的缺点,才是真正的缺点。

你觉得那张照片真漂亮,但你的朋友都说根本不像你

很多人都有过这样的经历:自己照镜子觉得还行,一照相,就觉得照片中的自己没有本人好看,好不容易挑出了一张漂亮的照片,展示给朋友看时,大家都说一点都不像你,弄得你很是郁闷。

为什么同一个人,自己感觉到的美丑程度不同?心理学研究发

第三章 墨菲定律之三：在自我认知上犯糊涂，就会麻烦不断

现，人们在照镜子时大脑会自动脑补，所以镜中并不是真实长相，大概比真实长相要好看30%。有人归纳说，镜子镜面成像，和照片中的你是相反的。换句话说：照片中的你，才如同别人看到的你。

不管这种说法是否科学，我们大部分人确实有这种经验。假如你照了很多照片，和朋友甚至家人一起挑选时，你会发现大部分照片是你不满意的，朋友或家人则觉得大部分都没问题，很像你；而你觉得很满意的照片，Ta们反而觉得不像你。

听录音中自己的声音也会有类似的感受，我们会突然发觉声音不如自己平时的好听，说话水平也下降了一大截。

观看录像中的自己也是如此，总觉得举动有点别扭。

有一个小伙子叫杰克，他在坐着的时候喜欢一手托腮，有同事说他这个动作很"娘"，他一直不信。后来有个较真的同事把杰克的动作拍了一段录像，杰克看了之后立刻被惊吓到一样承认确实很"娘"，以后不摆这个姿势了。

显然，我们当中的大部分人没有杰克那么勇敢，当觉得照片、录音和录像中的自己令我们不满意的时候，我们往往在辩解，在说是设备的问题，是光线角度问题；更有人选择逃避，不到万不得已就不录音、不拍照、不录像。

法国大思想家卢俊说："大自然塑造了我，然后把模子打碎了。"

这些话听起来似乎不切实际，但事实却是如此。许多人不肯接受这个已经失去了模子的自我，于是就用自以为完美的标准，把自己重新塑造一遍，结果，相机和别人看到的你，和你看到的自己相差甚大。

于是，很多人具有对自我的恐惧，害怕打破自我内心建立的对自我认识的幻象，害怕看到那个因幻象消失后裸露出的存在着种种缺失、不"理想"的"我"，缺乏面对自我、返回自身的勇气。

> **墨菲定律启悟**
>
> 常听自己说话，就不会那么多话。

其实，任何人都不是完美无缺的。这是一个令人宽慰的事实，我们越是极早地接受这一事实，就越能极早地认识和提高自己。

不用担心别人怎么看你，因为他们也在为此担心

我们每个人都希望被别人看得起，在别人眼里举足轻重，有一定的分量和地位。为此，我们奋发图强、拼搏进取，憋着劲地想搞出点名堂，时时、事事维护并完善着个人形象。

然而，有时因为我们太看重了自己，或者我们的自我评价更多的来自于他人的评价和回馈，乃至于成为了负担与障碍。因为太在意了自己，我们便可能对他人无意的冷落或忽视而耿耿于怀，甚至于对别

人一个不经意的眼神或一句随随便便的玩笑而大伤脑筋，琢磨半天；因为太在意了自己，我们可能会陷在自我的小圈子里自以为是或顾影自怜；因为太在意了自己，我们总爱拿自己和他人比较来比较去……

这种现象相当普遍，所以墨菲定律说每个人都在担心别人怎么看自己。其实，人生的路上，我们只是别人眼中的一道风景（有时连风景都算不上），每个人都喜欢被别人关注，而不是关注其他人。

所以，我们要正确认识自己，不能太把自己当个人物看，如果我们不是国家领导人，不是名企 CEO 或者大明星，我们真的很难成为人们的关注焦点。身为一个普通人，我们不要太执著于自己，太在意别人对自己的看法，而要静听潮起潮落，笑看云卷云舒，做自己该做的，想自己可以想的，说自己该说的。是非总有评定，公道自在人心。就算人心难以明鉴，还有天理良心，还有时间来考证。只要自己活得心安理得，活得轻松潇洒，你管他东西南北风？

别以为自己很重要，没有你太阳依旧照常升起

一个人要能正确地认识自我，不能把自己看得太重要，更不要觉得凡事有己才行，无己就不成。实际上，在很多事情上我们并没有那么重要，正如墨菲定律所揭示的那样，没有谁，明天的太阳都会照常升起，地球也照样运转正常，甚至什么都没有改变。

有一个著名的表演艺术家，给人们讲过这样一个关于他小时候的故事：他的家庭是一个很大的家庭，每当吃饭的时候，总是有很多的人坐在大餐厅当中。有一次，他突发奇想，要和大家开一个玩笑，他在吃饭之前，把自己藏在饭厅里的一个不被人注意的柜子里，想等到大家都找不到他的时候再从其中跳出来。可是让他尴尬的是，直到所有的人都吃完饭，也没有人注意到他不在。等到大家都酒足饭饱之后，他才很无奈地从柜子里面走出来去吃那些残羹冷炙。也就是从那以后，他就告诫自己：永远不要把自己看得太重要，否则最后的结果可能会让自己大失所望。

的确，很多时候，我们缺席了、不在场了，或者死了，也许对别人或者一个集体而言是一种损失，但大家的生活还会延续。那些已经离开了这个世界的人们，不是已经证明了，Ta不在了，别人还在，万物还在，地球还在，太阳还在……

墨菲定律启悟

> 你没那么多观众，别那么累。

这个世界，每个人都有自身的价值，但是没有什么事情是非你不可的。如果自作多情地认为什么人或什么离开你就不行，就把自己看得太重要了，那只能让自己活得很累，而且自寻来很多烦恼。

泰戈尔曾经说过一句话：天使之所以会飞，是因为她们把自己看得很轻。同样，一个人也只有把他自己看得很轻的时候，才能更真切地触摸到生命的真实。

我们能原谅我们讨厌的人，却不能原谅讨厌我们的人

世界是多元的，人和人之间千差万别，我们不可能喜欢所有的人，也不可能让所有的人喜欢自己。所以，不可避免地，我们会讨厌某些人，也会被某些人讨厌。

不过，我们比较容易原谅那些我们讨厌的人，但很难原谅那些讨厌自己的人。因为我们之所以讨厌那些人，往往是由于他们身上有一些难以容忍的缺点，甚至是品质问题，虽然这些缺点和问题会令我们不愉快，或者妨碍了我们，但毕竟不是自己的缺点和问题，不会给自己造成长期的困扰，所以原谅他们并不难，而且说不定原谅了他们之后自己还感动于自己的宽宏大量。

但讨厌我们的人就不同了，他们无情地否定了我们，无视我们的尊严和内心感受，深深刺痛了我们的心灵，残忍地打碎了我们的心理防御工事，使我们的缺点和问题暴露出来，让我们长期忍受着折磨。

所以，大部分人不能原谅讨厌自己的人，除了那些乐于反省、希望超越自己的人。

这样的人在被讨厌的时候比较理，Ta们先判断对方是否存在误会，因为很多时候讨厌确实源自误解。然后再确认，对方说的是否事实。如果是，就该反思怎样改正自己；如果不是，就不必接过别人扣上来的帽子。这样，Ta们就不会因为被别人讨厌而觉得受到了多么大的伤害。

墨|菲|定|律|启|示|录|

我们很平凡，但常常太把自己当回事

我们每个人都喜欢被关注，可更多的人却不喜欢关注其他人，其中一个很大的原因就在于我们总是自以为了不起，太把自己当回事。

其实，从墨菲定律的视角看，放眼滚滚红尘，你我只不过是其中极其普通而平凡的一粒尘埃，来亦平淡、去亦平淡的历史长河中一匆匆过客而已。

不管你的资质、能力如何，对于一个集体或整个大社会而言，你只是平凡而微小的一个个体。如果在某方面取得一点成就，便以为自己有多么多么重要，受损失的一定是自己。

美国著名的指挥家、作曲家沃尔特·达姆罗施二十几岁就当上了乐队指挥。刚开始时，他有些头脑发热，忘乎所以起来，自以为才华横溢，没人能取代自己指挥的位子。直到有一天排练，他把指挥棒忘在家里，正准备派人去取。秘书说的一句"没关系，向乐队其他人借一根就行"把他搞糊涂了。自己暗想："除了我，谁还可能带指挥棒？"但当他问"谁能借我一根指挥棒"时，分别从大提琴手、首席小提琴手和钢琴手上衣内袋里掏出的三根指挥棒递到他面前。他一下子清醒过来，意识到自己并不是什么必不可少的人物！很多人一直都在暗暗努力，时刻准备取代自己。从此以后，每当他想偷懒或飘飘然的时候，就会想起三根指挥棒在眼前晃动。

如果我们能够承认自己的平凡，能够时时刻刻提醒自己：我其实很普通,很浅薄,无需把那些闪耀的光环加在自己身上。这样,往往你会更容易得到众人的认可和赞赏。

一次,俄国文学之父托尔斯泰长途旅行时路过一个车站,独自一人在月台上踽踽而行。这时,一列客车正要开动,汽笛已经拉响了。忽然,一位女士从列车车窗冲他直喊:"老头儿!老头儿!快替我到候车室把我的手提包取来,我忘记提过来了。"

原来,这位女士见托尔斯泰衣着简朴,还沾了不少尘土,把他当作车站的搬运工了。托尔斯泰急忙跑进候车室拿来提包,递给了这位女士。女士感激地说:"谢谢啦!"随手递给托尔斯泰5戈比硬币,"这是赏给你的。"托尔斯泰接过硬币,瞧了瞧,装进了口袋。

正巧,女士身边有个旅客认出了这个"搬运工",就大声对女士叫道:"太太,您知道您赏钱给谁了吗?他就是列夫·托尔斯泰呀!"

"啊!老天爷呀!"女士惊呼起来,"我这是在干什么事呀!"她对托尔斯泰急切地解释说:"托尔斯泰先生!托尔斯泰先生!看在上帝的面儿上,请别计较!请把硬币还给我吧,我怎么会给您小费,多不好意思!我这是干出什么事来啦。"

"太太,您干吗这么激动?"托尔斯泰平静地说,"您又没做什么坏事!这个硬币是我挣来的,我得收下。"汽笛再次长鸣,列车缓缓开动,带走了那位惶惑不安的女士。托尔斯泰微笑着,目送列车远去,又继续他的旅行了。

天地悠悠,人海茫茫,做一个让人一眼即可辨认出的伟人不易,做一个坚守操行不为名声所累

墨菲定律启悟

承认自己的伟大,就是认同自己的愚蠢。

的凡人更难。托尔斯泰虽然很有名，又出身贵族，却有一颗平常的心。

别把自己太当回事并非是妄自菲薄，也并非是对自己能力的否定，更非对自我的瞧不起；恰恰相反，这是出于对自己正确客观的认识，从而让自己更好地去挑战、去追求。

光总是觉得它跑得最快，但黑暗总是先它一步到达

现实中，由于人的出身、地位、收入、知识、思维等方面有所差异，庸俗者就因此而把人分成三六九等，但实际上，人与人在智力上，以及在对不同事物的了解水平上，差别并不明显，所谓尺有所短，寸有所长；天外有天，人外有人。倘若你因自己在某一方面优越一些就因此认为自己的水平高人一等，可能就会被墨菲定律嘲弄。

一位上了年纪的牧羊老人被送到医院，因为他显得精神错乱。

在急救室，为判断他的精神状态，医生问他："如果你的牧场有一百只羊，其中七只跑了，还剩多少只？"

"零。"牧羊老人答道。

"不对，应该是九十三只。"医生说。

"伙计，"牧羊老人说，"你对羊一无所知。一旦这些不会说话的动物一只要走，其他的都会跟着走。"

也许我们都曾遇到这种情况，以为自己有资格居高临下地去考别

人或教训别人，结果呢，稍一交锋，才发现自己其实还不如对方，因此被墨菲定律嘲弄，搞得尴尬不堪。

这与有好为人师的心理有关，也是不能正确认识自我的表现。很多时候，我们轻率地高估自己，同时又一厢情愿地放大这种自以为是的感觉，以为自己全知全能，是真理的化身，最终做出不明智的事情来。

总是自以为太高明、太有能耐，一副高高在上的姿态，而不客观地审视自己，注定会走向失败。

人贵有自知之明，更贵有谦虚的修养。 我们应该经常反思一下，为什么自己会被那种自我感觉良好的虚幻感觉所控制。时时刻刻都反观自己、认识自己，才不会自我膨胀；也只有如此，我们才可能掂量出自己的真正分量。

> **墨菲定律启悟**
>
> 当一个人把自己当成真理和知识的法官时，他将被上帝的嘲笑毁灭。

无所不知后，就学不到什么了

一个正真认识自己的人，学的越多，越觉自己知识匮乏。自认为无所不知的人，不能正确认识自己，拒绝新鲜事物，固守己见，因而墨菲定律说，这样的人再也学不到什么东西了。

迷惑并不可怜，无知也不可笑，可怜和可笑的是一无所知还不知迷惑，有了一点知识便自以为无所不知。

学习的动力来自谦虚，谦虚的品质来自自知。不谦虚的人，如同一个里面塞满泡沫的杯子，好心人往里面倒多少水，都会溢出来，最后会毫无长进，以失败告终。

大发明家爱迪生有过1000多项改变人们生产和生活方式的发明，被誉为"发明王"和"一代英雄"。但在他的晚年，由于越来越严重的自满情绪，使得恰恰是在他最志得意满的领域里，犯了大错误。他固执地反对交流输电，一味坚持直流输电，结果导致惨败。原来以他命名的公司不得不改为"通用电器公司"，而实行交流输电的威斯汀豪斯公司至今仍保留着。这真是"英雄迟暮，骄则自误。"

自满只能使人停步不前，谦虚则能让人在虚心接受新思想、新知识的过程中不断取得进步。在生活中，我们要正确认识自己，培养谦虚的品格，这样才能不断取人之长，补己之短，不断地成长和进步，才能让自己永远立于不败之地。

> **墨菲定律启悟**
>
> 当你迷惑时并不可怜，不知道迷惑才是最可怜的。

不要在你的智慧中夹杂傲慢，也不要在谦虚中缺乏智慧

智慧是人人都希望得到的，但有的人有了一点智慧之后，就表现出傲慢之气。

这样的人，应该多看看墨菲定律，试着重新认识自我。不妨将优点和缺点各列一个清单，细加对照，恰如其分、客观公正地作一次评价，并认真地从内心问自己：我真的就十全十美吗？我有多少知心朋友？这会使你幡然猛醒：一味地自高自大，使得自己忽视了自己的缺点，并与周围人们的关系形成了不和谐的音符。

当然，只有谦虚也是不够的，盲目的谦虚，狭隘的谦虚，也会给自己的人生造成障碍。谦虚心应该是一种内敛的聪明，需要有足够的智慧来做后盾。

赫蒙是美国著名的矿冶工程师，毕业于美国的耶鲁大学，又在德国的佛莱堡大学拿到了硕士学位。可是，当赫蒙带齐了所有的文凭去找美国西部的大矿主赫斯特的时候，却遇到了麻烦。

赫斯特是个脾气古怪又很固执的人，他自己没有文凭，所以就不相信有文凭的人，更不喜欢那些文质彬彬又专爱讲理论的工程师。当赫蒙前去应聘递上文凭时，满以为老板会乐不可支，没想到赫斯特很不礼貌地对赫蒙说："我之所以不想用你，就是因为你曾经是德国佛莱堡大学的硕士，你的脑子里装满了一大堆没有用的理论，我可不需要什么文绉绉的工程师。"

赫蒙听了不但没有生气，反而心平气和地回答说："假如你答应不告诉我父亲的话，我要告诉你一个秘密。"赫斯特表示同意，于是赫蒙对赫斯特小声说："我在德国其实一点也没有学到什么，我是在那里白混了三年。"想不到赫斯特听了笑嘻嘻地说："好，那明天你就来上班吧。"

真正的智者不傲慢，也不会不讲技巧地胡乱谦虚。只有将智慧与谦虚结合起来，才能轻舟漂水、进退自如。

|墨|菲|定|律|启|示|录|

没有答案就不要制造问题

人要有自知之明，要能正确认识自己的能力，如果不能解决某个问题，就要如墨菲定律提醒的那样，不要制造这个问题。

有位老者很有智慧，常常有人向他请教，每次老者都能给出绝妙的解答。有一个调皮的年轻人，心里想："我要想出个问题把这老家伙考倒。"

有一天，他来到老者门前说："先生，我可以请教您一个问题吗？"老者说："请问。"于是年轻人说："如果我在一个完好的玻璃瓶中养了一只小鸭子，等到鸭子长大了，鸭子已经无法从瓶口这个惟一的出口出来了，我要怎样才能不把玻璃瓶打破而让这只鸭子活着出来呢？"

听到这个问题后，老者没有回答。年轻人想："这下总算考倒他了。"于是，他说："先生，您先想想，我先告退了。"他刚跨出房门，老者突然说："年轻人！"年轻人转过身问："先生，有什么事吗？"老者说："你当初把那只小鸭子放到瓶子里养的时候，能确保它将来长大后你能不打破瓶子让它活着出来吗？"老者接着说："年轻人，我们生下来要解决问题，不是制造不能解决的问题。"

现实中有不少这样的人，他们以难倒

> **墨菲定律启悟**
>
> 可以制造只有你才能解决的问题。

别人为乐，挖空心思制造问题，但他们没有问问自己，有没有能力回答和解决这种问题。

当然，有些人并不是为了为难别人才制造问题，而是因为不太了解自己，而制造出来一些自己和别人都无法解决的问题。无论哪种情况，都需要我们加强自我认识，使自己成为解决问题的能手，而不是制造问题的奇葩。

第二次犯错时，你什么都没学到

世界有黑白，人亦有缺陷，一个人难免会犯这样或那样的错误，正所谓人非圣贤，孰能无过。但犯了错之后关键是要能从错误中反思和学习，下次不犯同样的错误。如果重蹈覆辙，那就如墨菲定律说的那样，就什么都没学到。

西谚说：被人骗了一次，可恨的是骗子，被同一个人骗了两次，可恨的是你自己。中国也有一句俗语：吃一堑，长一智。第一次犯错误，就要吸取教训。只有认真吸取教训后才能够保证今后不再犯同样的错误，不再以同样的方式"摔倒"。特别是对于那些在迷途中深陷的人来说，更应该好好的反省：自己为何老是在原地"摔倒"而无法走出迷途呢？

墨菲定律启悟

羞耻的本质并不是我们个人的错误，而是被他人看见的耻辱。

如果一个人不停地

犯同样的错误，只能说，Ta根本没有认识到自己的错误，轻易原谅自己犯同一个错误，这样，只会让自己人生之路更加坎坷，甚至导致不堪设想的后果。

有一个人经常超速开车，亲人劝说过，交警也处罚过他。有一次，他因为超速发生车祸而受伤，主要的责任是他。出院后，这个人还是不知悔改，依然超速开车。后来，再一次发生了车祸，这一次他并没那么幸运，连命都丢了，只留下了伤心的家人。

生活中这样的人很多，不懂得吸取教训，犯了错也依然我行我素，以为犯这点小错没什么大不了，甚至认为自己所做的是正确的。这样不知自省的人，即使没有受到严重的惩罚，也会白白浪费很多成功的机会。

被一块石头绊倒一次不要紧，要紧的是不能被同一块石头绊倒两次！做人一定要懂得反思自己、总结教训，而后修正、改进自己的思想，丰富我们的经验。这样，我们才能在错误中成长，才能从大错到小错，从多错到少错，直至取得别人难以企及的成功。

对待好忠告的惟一方式就是转送他人，这东西对自己没用

忠告是诚恳的善意的劝说。它能使人反省自己的缺点，有效避免走

第三章 墨菲定律之三：在自我认知上犯糊涂，就会麻烦不断

弯路、错路，督促自己保持良好的品德和心态，让自己的人生更加顺利。

有这样一个小故事：

一个年轻人问一位老者：

"先生，世界上什么最有价值？"

"忠告。"

"那么，什么最没价值？"

"忠告。"

年轻人哈哈大笑。

老者说："难道不是吗？'忠告'被人接纳时，就是无价之宝，如果它不被人们接纳时，它就一钱不值了。"

的确，在人的一生中，得到长者或朋友的忠告，如果接受了，无疑是得到了最为宝贵、最有价值的财富；反之，如果把别人的忠告不当一回事，它对自己而言就一钱不值。

> **墨菲定律启悟**
>
> 忠告是很少受到欢迎的；那些需要忠告的人总是最不喜欢忠告。

我们每个人都经常得到别人的忠告，也经常在书籍和文艺作品中看到和听到一些忠告，但真正能接受别人忠告的人可谓凤毛麟角，就像朱棣文在哈佛大学毕业典礼上所说的，忠告很少有价值，几乎注定被忘记，永远不会被实践。

绝大多数人如墨菲定律所描述的，是把那些听上去或中肯、或深刻的忠告转送给别人，以表明自己并没有忠告里提到的缺点、错误或问题，同时满足一下自己好为人师的欲望。

我们永远到达不了圣地，如果真能到达就不是圣地了

圣地是宗教徒称与教主生平事迹有重大关系的地方，如佛教的发源地，菩萨的道场名山，犹太教、基督教、伊斯兰教的耶路撒冷，伊斯兰教的麦加、麦地那等。亦称与某种宗教有关，被其信徒视为神圣的地方。

游览或朝拜过圣地的人都知道，当你真的到了那个地方后，多少会有些失望，因为在那里你依然能看到庸俗的现象，听到庸俗的声音，与自己心目中的圣地相差甚远。

的确，所有的圣地都只会存在于心中，圣地是一种心灵所追求的境界，而不是肉体所能到达的地方。

认识自我也是如此。一个人要认识自己，不仅仅需要勇敢，需要智慧，更加需要坚守，坚持，不受干扰，不受外界的诱惑，坚持，坚持，最后达到"实现无我"的至高境界。如果不能坚持，很快就改变了，你可能永远不能够达到"无我"这个最终的"圣地"。

但是，即使一个人再能坚持，仍然还是达不到这个圣地，人的生命有限，而圣地无限遥远。我们只能接近圣地，却永远无法达到。

第四章　墨菲定律之四：

处世之道没有看起来那么简单

| 墨 | 菲 | 定 | 律 | 启 | 示 | 录 |

你永远都没有第二次机会去打造第一印象

第一印象是指在与陌生人交往的过程中，所得到的有关对方的最初印象。第一印象是在短时间内以片面的资料为依据形成的印象，心理学研究发现，与一个人初次会面，45秒钟内就能产生第一印象。这一最先的印象对他人的社会知觉产生较强的影响，并且在对方的头脑中形成并占据着主导地位。所以墨菲定律说没有打造第一印象的第二次机会。

第一印象对于后面获得的信息的解释有明显的定向作用。也就是说，人们总是以他们对

> **墨菲定律启悟**
>
> 首先给人一分好印象，胜过在后面十分努力的表现。

某一个人的第一印象为背景框架，去理解他们后来获得的有关此人的信息。在社会心理学中，这种现象被称为首因效应。

心理学实验表明，如果第一印象形成的是肯定的心理定势，会使人在后继了解中多偏向发掘对方具有美好意义的品质；若第一印象形成的是否定的心理定势，则会使人在后继了解中多偏向于揭露对象令人厌恶的部分。

第一印象是人的普遍的主观性倾向，会直接影响到以后的一系列行为。如果我们在第一印象中给别人的感觉是负分，就算日后再怎么努力，都很难翻身。因此，在日常交往过程中，尤其是与别人的初次

交往时，一定要注意给别人留下美好的印象。

心理学家认为，由于第一印象主要是性别、年龄、衣着、姿势、面部表情等"外部特征"。在一般情况下，一个人的体态、姿势、谈吐、衣着打扮等都在一定程度上反映出这个人的内在素养和其他个性特征。因此，在交友、招聘、求职等社交活动中，我们就要充分利用这种效应，紧紧抓住初次会面的前45秒，展示给他人一种好的形象，为以后的交流打下良好的基础。

不过，第一印象往往具有一些欺骗性，所以我们在与别人的交往中，注意不要仅凭对别人的第一印象给 Ta 定性。每一次交往都能得到交往对象的新的信息，我们应该根据这些信息随时调整对别人的印象和看法，尽力做到客观地看人。

匆匆一瞥好过目中无人

人可以有傲骨，但不可以有傲气。与别人碰了面，倘若自傲失礼，不仅会使对方反感，有时甚至还会惹火烧身，受到墨菲定律的惩罚。善于为人处世的人，就算心再高也能够做到谦和有礼、敬人如师。这样，就能少一些羁绊，多一些顺畅。

每一个人都十分在意别人对自己的态度，即使是个目中无人的人，他也不喜欢别人在他面前目中无人。

所以，不管是在什么场合，不管所面对的是什么人，都不能对其视而不见，而应该看着对方，微笑着点点头，或寒暄一下。也就是说，要打个招呼，而不是对别人不理不睬。

打招呼是人们日常生活中最常用的礼节之一，一个小小的招呼，能拉近双方之间的距离。回想一下，当有人主动向你打招呼的时候，你是不是觉得挺高兴？因为你感到了对方对你的尊重和关怀。同样的，当你主动与别人打招呼时，对方也会有相似的感受。因此，如果你想与别人的关系更融洽，让自己更受欢迎，就要主动和别人打招呼。

> **墨菲定律启悟**
>
> 处在社交圈中是一种烦恼，而超脱出来简直是一场悲剧。网络社交的优点是让你减少社交恐惧，缺点是让你现实的朋友越来越少。

想受欢迎，就帮别人的坏习惯找到好理由

这是一条很功利、隐秘的墨菲定律，但它却揭示了人类的微妙心理，告诉了我们为人处世的一个重要技巧。

每个人都有坏习惯，不论是身居高位还是地位卑微，不论是腰缠万贯还是不名一文，不论是谦谦绅士还是窈窕淑女，不论你从事哪种职业，也不论你信奉何种宗教，都有或多或少、或大或小的坏习惯。

习惯是很难改掉的。当人有了某种习惯后，若无一定强度量级的动因起作用并达到改变原习惯的临界度以上，原来的习惯就会持续。

坏习惯即使在尽力改正后也很容易重新就犯。美国科学家发现，当一个习惯形成时，人的大脑中的一个特殊部位会形成重要的神经活

动模式，而它们在习惯破除时也会发生改变，但当某些事重新激发已经消失的习惯时，这种神经活动模式会迅速地重新形成。他们用试验模拟了一个习惯的养成和破除，发现当习惯性行为消失时，大脑中已经形成的旧模式并不会消失，这也是习惯难以根本破除的主要原因。

当一个人有了坏习惯，特别是经过多次努力都未能改掉坏习惯，一般会有两种心理：一是找到合适的理由接受，干脆不改了；二是对自己产生某种程度的自责，但为了缓解内心的自责，还会寻找坏习惯的理由。周围的人呢？要么对这个人的坏习惯批评、厌恶和讨伐，要么对其进行劝导和督促，完全忘了自己改掉坏习惯是多么困难。

在这种情况下，如果你能对一个人的坏习惯表示理解，这个人会相当高兴；假如你还能为Ta的坏习惯找到好理由，那你简直就是Ta的知音。

> **墨菲定律启悟**
>
> 人们常常希望改掉别人的坏习惯，而对自己的坏习惯无可奈何。

越是完美的人，越是没人愿意接近

在工作和生活中，我们总是自觉不自觉地在别人面前表现得完美无缺，然而，如果你真的很"完美"，墨菲定律就会让你明白，这不是一种高明的做法。

美国心理学家阿伦森曾做过一个试验：他把四段情节类似的访谈录像分别放给他准备要测试的对象：

在第一段录像里，接受主持人访谈的是个非常优秀的成功人士，在接受主持人采访时，他表现得非常有自信，没有一点羞涩的表情，他的精彩表现，不时地赢得台下观众的阵阵掌声。

第二段录像中接受主持人访谈的也是个非常优秀的成功人士，不过他在台上的表现略有些羞涩，在主持人向观众介绍他所取得的成就时，他表现得非常紧张，竟把桌上的咖啡杯碰倒了，咖啡还将主持人的裤子淋湿了。

第三段录像中接受主持人访谈的是个非常普通的人，整个采访过程中，他虽然不紧张，但也没有什么吸引人的发言，一点也不出彩。

第四段录像中接受主持人访谈的也是个很普通的人，在采访的过程中，他表现得非常紧张，和第二段录像中一样，他也把身边的咖啡杯弄倒了，淋湿了主持人的衣服。

当教授向他的测试对象放完这四段录像，让他们从上面的这四个人中选出一位他们最喜欢的，选出一位他们最不喜欢的。

> **墨菲定律启悟**
>
> 白璧微瑕比洁白无瑕更令人喜爱。

想知道测试的结果吗？最不受喜欢的当然是第四段录像中的那位先生了，几乎所有的被测试者都选择了他，可奇怪的是，测试者们最喜欢的不是第一段录像中的那位成功人士，而是第二段录像中打翻了咖啡杯的那位，有95%的测试者选择了他。

社会心理学家专门作了一番调查，最终发现：人们都喜欢跟出众的人交往，但是，当一个人与我们相差很大，让我们感到遥不可及的时候，这种差距就会变成一种心理压力，促使我们敬而远之。因为这些人总是衬托出我们自己的无能和低劣。

也就是说，我们每个人喜欢"完美"的人都是有一定的限度的，在我们可以接受的限度内，越"完美"就越有吸引力。可一旦超过一定限度的时候，我们更倾向于逃避或拒绝，那么，他的吸引力就会下降。而当他偶尔犯错误的时候，他的吸引力会增强，因为这使他更接近于普通人，与我们的距离拉近了。

所以，如果你很"完美"，就需要很巧妙地、不露痕迹地在他人面前暴露某些无关痛痒的缺点，出点小洋相，表明自己并不是一个高高在上、十全十美的人物，这样就会使人松一口气，不以你为敌。

如果你的电话老是不响，就该打出去

现代人生活忙忙碌碌，没有时间进行过多的应酬。不过，电话的普及为人与人之间的沟通提供了方便，如果朋友间经常通电话，也能联络感情。

但有的人不爱打电话，或许是心疼电话费，或许是不喜欢主动，总之往往是接别人的电话，自己很少打出去。日子一长，电话就老是不响了。

为人处世必须要建立好人缘，而拥有好人缘的一大诀窍就是主动。很多时候，电话会给你带来意想不到的收获，它不是花瓶，仅仅成为一种摆设。如果总是别人打给你，而你不主动打给别人，时间一久，许多原本牢靠的人脉关系就会变得松懈，朋友之间逐渐互相淡漠。这是很可惜的。墨菲定律提醒我们，当你意识到自己的电话很少响，一定要主动起来，即使再忙，也别忘了多沟通感情。

人际关系必须是"经常性"的联络，沟通接触愈频繁，彼此的交情就愈深厚。因此，绝不可忽略了平时的联系。如果有人在私下批评你："这个家伙，只会在有事情的时候，才想起我。"那么，你的人际关系成绩就不及格了。

不经常保持联系只会让好朋友间关系渐行渐远、关系淡化、终至于无，使最初的好友变成最终的陌路人。想想当初由陌生人递进成好朋友的不易，真不应该让这种关系逆行。好朋友间只有事没事经常保持联系，友谊之花才能长开。

墨菲定律还提醒我们：打电话时不要跟身边的人说话，否则电话接通时，就忘了要找的是谁或是忘了要说什么。

这虽然是句玩笑话，但还真有可能发生。更重要的是，这是对电话那头的人是一种不尊重。不要以为对方看不见你就不知道你有小动作，因为哪怕只有声音的细微变化，你的心不在焉都会被Ta发现。所以，在打电话时要专心。平时，与朋友电话交流，虽然不必太死板，但也要充分重视接电话的第一声。

> **墨菲定律启悟**
>
> 不要让良好的关系渐行渐远，适度的电话联系是必须的。

如果彼此空间距离不是特别远，除了打电话外还要多见面。一般来说，人与人之间见面越多，彼此间的心理距离就越近。所以我们要找机会多和朋友见面。

想让人生气，就骗他；
想要他愤怒，就说真话

大多数人都有过被骗的经历，得知被骗之后一般人都会很生气，因为只有你相信才会被骗，而被骗说明自己的判断是错误的。自己的判断力得不到肯定，当然会生气。所以，墨菲说如果你不想让人生气，最好不要骗Ta。

不过，被骗如果不是损失惨重，往往只是生气，还达不到愤怒的程度，而且也不会生气太久，因为我们都会多少反省一下自己受骗的原因，如贪小便宜，或者不够冷静，或者太轻信于人，然后我们会吸取教训，以后不再上当。

何况，有时人们也乐意被骗。比如，很多女孩三番五次地问恋人："你爱我吗？"

废话！当着你的面回答，他敢说不爱你吗？

"当然爱你了，这个世界上

我就爱你一个!"于是女孩高兴了。

有些人也喜欢问恋人:"以前,你谈过朋友没有?没关系,老头告诉我好了,即使谈过我也不会计较的。"

老实人就一五一十地说谈过。好,只要以后吵架,对方准会旧事重提,"哼,你与以前的情人如何,如何……"

明智的人此时都骗一下恋人,"没谈过,你是我的初恋。"有些怕对方不信,就说:"谈是谈过,但没什么,只是拉了一下手。"

这样对方一定乐意。其实 Ta 未必相信,但即使知道这是谎言也很少有较真的。

可是真话却不同:越是直指真相,越容易引起愤怒。

人性中一条很重要的弱点,就是大家都乐于被虚假的事实所安慰。没有人乐意让自己的不足或错误之处在大庭广众之下被暴露,每个人都有一个内心堡垒,"自我"便缩藏在里面。你的真话就是要攻破堡垒,此时,别人往往会本能地防卫。

心直口快的人说话时常只看到现象或问题,而不去考虑旁人的感受、观念、性格,由于真话往往直指核心,让当事人招架不住,于是很容易恼羞成怒,有时甚至怀恨在心。

心直口快的人很多都具有"正义倾向"的性格,言语的爆发力杀伤力很强,所以有时候这种人也会变成别人利用的对象,鼓动你去揭发某事的不法,去攻击某人的不公。不管成效如何,这种人总要成为牺牲品,因为成效好,鼓动你的人坐收战果,你分享不到多少;成效不好,你必成为别人的眼中钉,是排名第一的报复对象。

> **墨菲定律启悟**
>
> 谁都不相信半真半假的说辞,但总有人相信彻头彻尾的谎言。

所以，在为人处世的过程中，我们不能有恶意的欺骗，但可以有善意的谎言，说话不能过于直白，不能说的真话最好别说。

若劝告时不顾及别人的自尊，再好的言语都没用

劝告作为真诚帮助他人的一种形式，它的初衷是善意的。既然是善意的，我们就应当如墨菲定律所揭示的那样，让别人感受到自己的善意，而不是不顾别人的自尊。

人天性中就有保护自尊心的本能，而当言行失当、办了错事时，更有防卫其自我尊严的倾向。如果有人再以权威者的姿态出现，不顾及自尊地批评他的想法不高明，行动不周密，这时他的防卫倾向会更强。在这种情况下，即使你的语言再精辟、再有哲理，也起不到好的作用，而且还可能会招致对方的憎恶。

泰戈尔说："不是锤的打击，而是水的载歌载舞使鹅卵石趋于完美。"疾声厉色的职责、批评，就是"槌的打击"，它不会使对方更趋完美，它换来的只是相互撞击后愤怒的火花，破坏双方良好的关系。即使你拥有发号施令的权力，如果不讲究说话方式，也很难让别人心悦诚服地服从你。

一个盛夏的中午，在一个建筑工地上，一群工人正在阴凉处休息。监工走上来，呵斥工人说："你们明知道工期很紧，吃完饭了还

在这里偷懒，还不快去干活！"工人们平时就很害怕这个监工，虽然不情愿，但还是起身去工作了。当监工走开的时候，工人们就又停下休息了。如果那个监工能够和颜悦色地对工人们说："工友们，现在工期很紧，要辛苦大家了，希望大家能够牺牲一点休息的时间，尽量赶一赶工期。早点收工，大家就能早点回去洗澡、休息。大家看怎么样？"这样一来，即使天气再炎热，工人也会站起来开工了。

而在处理类似的问题时，查尔斯·斯科尔特就采取了很恰当的办法。

有一天，查尔斯·斯科尔特经过受他管理的美国钢铁公司的一家钢铁厂。当时正是中午，他看见几个工人正在抽烟，而在他们头上，正好有一块大牌子，上面写着"禁止吸烟"。一般的管理者通常会走上前去，指着那块大牌子，对工人说："你们难道不识字吗？这里不许抽烟！"

但斯科尔特没有这样做。他走向那群工人，掏出口袋里的雪茄，分发给每一个工人，然后用商量的语气说："你们能不能到外面去抽这些雪茄呢？"工人们立即就认识到了自己的错误，掐灭了手里的香烟，并且以后再也没有在工地上抽过烟。他们也都更加敬重斯科尔特了。

如果你遇到斯科尔特这样的总经理，看到你违反了公司的规定，不但没有严厉地制止你，反而送你小礼物，还用商量的口气委婉地规劝你，你会不感动、不从善如流吗？

中国有一句老话说："良药苦口利于病，忠言逆耳利于行。"利于病、利于行固然是一件好事，但为什么非要苦口、非要逆耳呢？真正善于劝导别人的人，往往能够顾及别人的自尊心，选择恰当的说话方式，即使是批评他人，也能够做到"忠言不逆耳"，老少都爱听。

越是肯定自己的看法，越是容易后悔

在我们的生活工作中经常都能碰到这样的人，说话不留余地，动不动就说："我说的绝对正确，你绝对是错的。"

如果太肯定自己的看法，把话说得绝对了，就等于把自己的后路给堵死了，毕竟，世上没有绝对的事，很多事不像自己想像的那么简单，事实也总有与自己的看法相反的时候。

太肯定自己的看法就像将杯子里倒满了水，再也滴不进一滴水，再滴水就溢出来了；也像把气球充足了气，再也灌不进一丝丝空气，再灌就要爆炸了。当然，也有人把话说得很满，而且也做得到。不过凡事总有意外，而这些意外并不是人能预料的，话不要说得太满，就是为了容纳这个"意外"，免得让自己后悔，下不了台。

所以很多深知墨菲定律的政府官员在面对记者的询问或议员的质询时，都偏爱用这些字眼，诸如可能、尽量、或许、研究、考虑、评估、征询各方意见……这些都不是肯定的字眼，他们之所以如此，就是为了留一点空间好容纳"意外"。

> **墨菲定律启悟**
>
> 失败的人有两种：一种是不听任何人的话；另一种是任何人的话都听。

与人相处如果总是武断，双方的关系也容易弄僵。所以，我们不要说人过于自信的话。如果你能坚持这一条原则，你在将来的言谈中一旦偶尔犯了错误时，也不必完全收回你以前所说的话。要知道：你的意见或信仰，毕竟还只是你个人的意见和信仰而已，而别人也还是有坚持他的意见和信仰的权利。

　　富兰克林就养成了一种很好的习惯，在他表明他的意见时，会用一种很灵活的言词，以致40年之中，没有一个人说过他武断。

　　我们也还应该知道：人们的意见所依据的基础越不牢固，反而越容易武断和自以为是。这种过度的肯定，无非就是想遮掩自己的心虚罢了。

若无法说服对方，就把对方搞糊涂

　　要说服对方，就得令人信服；要让别人信服，就得让别人感到不如自己；要让别人感到不如自己，最方便的办法是让别人感到学问不如自己；要让别人感到学问不如自己，最有效的办法就是制造出别人不懂自己懂的话题场面，以便自己如鱼得水、让别人一脑袋糨糊，充分发挥墨菲定律：说不服，绕糊涂。

　　《美术》杂志曾经刊登过一幅作品，4个柱子。但因为没有把读者弄的足够糊涂，出了问题。有读者就不服气：你这幅画到底什么意思？于是画家写了近万字的说明，从宇宙洪荒到现代社会，从西方文艺复兴到东方文明古国，从克林顿到雅典娜，从平面几何到立体几何，从圆周率到微积分，从电子运动到人生理想和生存状态，从万有引力到相对论……读者服气了：就当我没问过。

不仅是艺术界、学术界，在商界也是如此。比如，讨价还价不成，就弄出个几十页的合同出来，砌上一大堆华词丽藻，再把自己的要价零零碎碎地悄悄藏在条款之中，让对方读得昏头昏脑，稀里糊涂签字画押。

世界上有很多这种现象，也有很多依靠这种方法获得成功的人。他们"生来"就知道如何影响举棋不定的人改变想法，以及让反对派放弃自己的阵营。看着那些"说服大师"施展魔法的样子，你会感到既钦佩又沮丧。令人钦佩的不仅仅是他们能够轻而易举地说服别人；而且，更令人叫绝的是，那些被说服者如此热切地服从他们的要求，似乎说服本身就是一种恩惠，让被说服者迫不及待地想要报答。令人沮丧的不仅仅是我们无法获得这样的本领，更令人无奈的是我们常常是被说服者。

> **墨菲定律启悟**
>
> 如果你还没彻底糊涂的话，说明你还没获取足够的信息。

所以，无论我们是说服者还是被说服者，都要记得这条墨菲定律，想想自己是不是有必要把别人搞糊涂，或者想想，自己是不是被绕晕了才变成盲目的服从者。

|墨|菲|定|律|启|示|录|

不要与傻瓜争论，别人可能分不清谁是傻瓜

傻瓜惟一聪明的地方就是能找到无数不可思议的理由来替自己说话。所以墨菲定律告诫我们，永远不要和傻瓜争辩，Ta 会把你的智商拉到和 Ta 同一水平，然后用 Ta 多年的傻瓜经验打败你。

和傻瓜争论是没有意义的。如果你和一个傻瓜吵，在别人眼里要么你俩都是傻瓜，要么你是傻瓜 Ta 不是，要么你不是傻瓜 Ta 是傻瓜，但是你也算是一个跟傻瓜争吵的傻瓜。

有两个人大吵一天，一人说三八二十四，一人说三八二十一。相争不下告到首领那里。首领听罢说："把说三八二十四的拖出去打二十板！"三八二十四的不满："明明是他蠢，为何打我？"首领答："跟三八二十一的人能吵一天，还说你不蠢？不打你打谁？"

如果一个傻瓜要和你争论，恭维他几句，赶紧脱身吧。和傻瓜争论不可能诞生一条真理的，只可能多诞生一个傻瓜。

其实，就算对方不是傻瓜，也没必要争论。世上最大的空耗之一就是与人争论，正如戴尔·卡耐基所说："争论的结果使双方比以前更相信自己绝对正确。要是输了，当然你就输了，如果赢了，你还是输了，因为争论赢不了他的心。"

睿智的富兰克林也曾说过类似的话：假如你总是争论、辩驳，或

许偶尔你能赢！可这种胜利是空的，因为对方内心的好感，你是永远也得不到的，所以你要好好想一想，你是要那种语言上的胜利，还是要别人对你发自内心的好感？

因此，不管对方是什么人，如果没有触及原则问题，最好不要争论。如果对方的话让你忍耐不住想争论或反唇相讥时，要记住另一条墨菲定律：如果愚蠢足以解释，就不要视为恶意。这样可以避免很多争论和矛盾。

> **墨菲定律启悟**
>
> 别试图教猪唱歌，这样不但不会有结果，还会惹猪不高兴。

一有人说这不是钱的问题，往往就是钱的问题

某集团的总部有这样一幅标语："世界上百分之八十的喜剧和金钱没有关系，世界上百分之八十的悲剧和金钱有关系。"的确，只关心自己私利而不顾别人的利益，这一点是人们最容易犯的错误。为了钱，或者其他的利益，人与人之间往往会各怀鬼胎，勾心斗角，明争暗斗。

生活中我们可以经常看到，朋友之间，亲戚之前合伙做生意，都自觉或不自觉地追求私利，最终搞成对立的局面。他们在争吵时或者向别人叙述时还口口声声说"这不是钱的问题"，而是"原则问题"、"人品问题"。其实越是这样说，越有可能就是钱的问题。

钱，是最容易伤感情的东西。如果你的朋友关系是建立在利益关系上的，那么这个关系难免会随利益而动，"没有永恒的朋友，也没有永远的敌人，只有永恒的利益"就是真实的写照。

本来是单纯的朋友，一旦牵涉到金钱，就容易出问题。所以，如果你想维持朋友关系，最好不要与朋友一起做生意，也不要轻易借钱给朋友。

有人心地善良，朋友患难时会毫不犹豫地伸出援助之手。可是朋友困难过去了，却把经济支援的事抛在脑后，无论是否讨要，都会让彼此心存芥蒂。即使朋友按期还钱了，下次遇到困难时，Ta 还会找你借，因为人们总倾向于找好说话的人帮忙。再退一步说，即便朋友只借一次，而且也按期还钱了，假如以后你遇到困难想找 Ta 帮忙，而对方没有帮忙，你的心头立即就会出现"忘恩负义"的感受。

虽然朋友之间应该互相帮忙，但尽量是行动或心理上的，最好不要有金钱上的来往，否则一旦有差池，朋友就做不成了。

> **墨菲定律启悟**
>
> 如果你在朋友缺钱时伸出援手，他一定会记得你——在他下次缺钱时。

忍耐是很有用的，但它绝无法帮一只公鸡生蛋

一般来说，忍耐是一种强者具有的精神品质。对不利条件的隐忍，对暂时失败的坚忍，反映了一个人斗争的谋略和处世的智慧。

第四章 墨菲定律之四：处世之道没有看起来那么简单

一个人，无论做什么事都要为自己留条后路，俗话说"留得青山在，不怕没柴烧"，如果在你力量还没有达到的情况下，只是一味地向前冲，"撞了南墙不回头"，最后只能是彻底的失败，再也爬不起来。所以，如果自己是陶罐，就要力避与石头发生碰撞，因为不管是石头砸你，还是你砸石头，倒霉的永远是陶罐。何况，陶罐比石头更有价值！没必要因为小事使自己受损！要发挥自己更大的价值！

忍耐对为人处世来说是很重要的，但墨菲定律提醒我们，忍耐不是万能钥匙，也不是灵丹妙药，你不可能靠忍耐让一只公鸡下蛋。忍耐不是绝对的，也不是抽象的，而是相对的、具体的，是有原则的，是要讲究"度"的。无论是对待亲人、朋友、同事或是敌人、坏人，都是如此。

对于亲人、朋友、同事间的相处，在你忍让时一定要让他们知道你是大度，是在宽容Ta们，这样才能使"忍"发挥应有的作用。盲目无度的忍耐不仅会降低自己的威信、人格、地位，也会把对方惯坏，而不利于矛盾的解决。

对待敌人、坏人的忍让，有几种情况：一是自己力量太小太弱，二是欲擒故纵，三是为

> **墨菲定律启悟**
>
> 石块砸陶罐，倒霉的是陶罐；陶罐砸石块，倒霉的还是陶罐。

了感化良心未泯的敌人而化敌为友。但需要注意两点：一是尽管力量还很弱小，但若"忍"只有"一死"，就不要忍，因为不忍还有"活"的可能。第二，忍让并非化敌为友的惟一选择，也可"以打求和"，"以斗争求团结"。

所以，该忍让的时候适度忍让；但同时也要保持自己的骨气，千万不能只能软而不能硬，不能丢掉忍耐的基本原则。

你在诋毁他人的同时，也贬低了自己

为了生存，动物之间会争抢食物，争抢领地。人类也不例外，竞争、斗争、较劲、嫉妒充斥着我们的生活，生存的本能可能会使你最大限度的保护自己的利益，而做出损人利己的事情。诋毁别人，贬低他人来抬高自己，这样的情形在我们的身边经常发生。

在现实生活中，在形形色色的人群里，有些人，就喜欢贬低别人抬高自己，即使没有明显的竞争关系，他们也为了那点自卑的虚荣心而故意贬低别人。其结果被墨菲定律惩罚，"搬起石头砸了自己的脚"，不但没有抬高自己，相反，却被人厌恶、唾弃，使自己难以在社会上立足。

贬低别人抬高自己的做法，既不实事求是，也不光明磊落，只能说明一些人心里的阴暗与龌龊，这种人没意识到他在贬低人家的过程中，其实也贬低了自己。你诋毁别人时，在旁观者的眼里，不管别人做的好不好，就算人家技不如你，才不如你，最起码你少了几分雅量。

正所谓"心中有佛，所见皆佛"。外界事物进入我们的头脑，都事先经过了自我心识的加工，带上了自我的主观的感情色彩。因此，无论是看物、看事，还是看人，如果看到的有过多的阴暗，只能说明自己阴暗。

太喜欢对别人评头论足的人，往往不受别人的欢迎。为什么呢？

Ta 在诋毁人的时候，Ta 的听众就会想，现在你在我面前诋毁别人，会不会在别人面前诋毁我？有了疑心，不知不觉就与 Ta 拉开了距离。一个人不受大家的欢迎，等于被众人孤立起来了，这样做人是很失败的。

> **墨菲定律启悟**
> 心中有佛，所见皆佛。凡事不要有太多的充斥心理。

我们在社会上立足，只要自己做好真实的自我，在方方面面展现自己的价值就足够了，何必贬低别人？对于朋友，同事，我们要多看到人家的长处，要保持自谦，多给予别人一份美好的赞美，那么，我们得到将是一片美丽的天空。

如果你不同意别人的意见，别人也不可能同意你的意见

墨菲定律认为，一个人的心中如总占满自己的想法，就不会听到别人的声音，如此也会受到排斥。

每个人都认为自己的立场和观点是正确的，即使小孩也不例外。如果不考虑对方的意见，只是单方面地表达自己的意见，对方就很难接受。所以，与其生硬地将自己的观点强加给对方，用自己的观点"压倒"对方的观点，还不如站在对方的立场上说话，以缓和对方的抵制情绪。接着再从对对方有利、有好处的角度进行开导，就容易达到说服对方的目的了。

戴尔·卡耐基每季都要在纽约的某家大旅馆租用大礼堂20个晚上，用以讲授社交训练课程。

有一个季度，他刚开始授课时，忽然接到通知，房主要他付比原来多三倍的租金。在他得知这个消息以前，入场券已经印好，而且早已发出去了，其他准备开课的事宜也都已办妥。

很自然，他要去交涉。怎样才能交涉成功呢？两天以后，他去找经理，说：

"我接到你们的通知时，有点震惊。不过，这不怪你。假如我处在你的位置，或许也会写出同样的通知。你是这家旅馆的经理，你的责任是让旅馆尽可能地多盈利。你不这么做的话，你的经理职位难以保住，也不应该保得住。假如你坚持要增加租金，那么让我们来合计一下，这样对你有利还是不利。

"先讲有利的一面。大礼堂不出租给讲课的而是出租给举办舞会、晚会的，那你可以获大利了。因为举行这一类活动的时间不长，他们能一次付出很高的租金，比我这租金当然要多得多。租给我，显然你吃大亏了。

"现在，来考虑一下不利的一面。首先，你增加我的酬金，却是降低了收入。因为实际上等于你把我撵跑了。由于我付不起你所要的租金，我势必再找别的地方举办训练班。

"还有一件对你不利的事实。这个训练班将吸引成千的有文化、受过教育的中上层管理人员到你的旅馆来听课，对你来说，这难道不是起了不花钱的活广告作用了吗？事实上，假如你花5000元钱在报纸上登广告，你也不可能邀请这么多人亲自到你的旅馆来参观，可我的训练班给你邀请来了。这难道不合算吗？"

讲完后，卡耐基告辞了："请仔细考虑后再答复我。"当然，最后经理让步了。

在卡耐基获得成功的过程中，没有谈到一句关于他要什么的话，他是站在对方的立场上说问题的。

可以设想，如果他气势汹汹地跑进经理办公室大争大吵，那又该是怎样的局面呢？必然砸锅了，你会知道争吵的必然结果：即使他能够辩得过对方，旅馆经理的自尊心也很难使他认错而收回原意。

> **墨菲定律启悟**
> 心中装满着自己的看法与想法的人，永远听不见别人的心声。

善于处世的人往往懂得站在对方的立场上考虑问题。设身处地替别人着想，了解别人的态度和意见比一味地为自己的意见作争辩要高明得多。

不用担心你的敌人，你的盟友才会害你

活在世界上，我们必须与各种各样的人打交道。为了达到一定的目标，我们可能有敌人，也有盟友。为了战胜敌人，我们严防死守，不敢懈怠；同时与盟友通力合作却很少存在必要的防范之心。所以，敌人想害我们，很难得逞，而盟友如果害我们，几乎是一害一个准儿。

在通常情况下，盟友是应当齐心协力的。但天下没有不散的宴席，建立在一定利益基础之上的盟友们，总有各奔东西的一天。在利益面前，人的各种灵魂也会赤裸裸地暴露出来。有的人在对自己有利或利益无损时，可以显得亲密无间；可是一旦有损于 Ta 们的利益时，Ta 们就像变了个人似的，见利忘义，唯利是图，什么友谊，什么感情统统抛到脑后。比如，在一起工作的同事，平日里大家说笑逗闹，关系融洽。可是到了晋级时，名额有限，"僧多粥少"，有的人真面目就露出来了。Ta 们再不认什么同事、朋友，在会上直言，摆自己之长，揭别人之短，在背后造谣中伤，四处活动，千方百计把别人拉下去，自己挤上来。这种人的内心世界，在利益面前暴露无遗。

公开的、明显的敌人，你可以防备 Ta，像这种以盟友、密友的面目出现的人，实在令人防不胜防。所以，墨菲定律提醒我们，在与人共事时，务必要多长个心眼儿，以免为暗箭所伤。

当然也有始终如一的人继续站在你身边，把一颗金子般的心捧给你，与你祸福相依，患难与共。但是，在利益

> **墨菲定律启悟**
>
> 惟一比敌军火力更准确的是友军对你的"误射"。

得失面前，每个人总会亮相的，每个人的心灵会钻出来当众表演，想藏也藏不住。所以，此刻也是识别人心的大好时机。

进而言之，岁月也可以成为真正公正的法官。有的人在一时一事上可以称得上是朋友，日子久了，共事时间长了，就会更深刻地了解 Ta 们的为人、Ta 们的人品。"路遥知马力，日久见人心"，说的就是这个意思。

第五章　墨菲定律之五：
爱情是物理反应还是化学反应

接吻使两人靠得太近，
以致互相都看不见缺点

不管是被爱神射中，还是自投爱神编织的罗网，爱情都充满着幸福和神秘的色彩。但是爱情也是最容易让人失去理智的，尤其处于"限于接吻"这个热恋期的特殊阶段，对女人来说，更是如此。所以有人调侃："恋爱的女人智商为零。"哲学家卡布尔也说了一句十分俏皮的话："热恋中的女人没有眼睛。"这些话虽然说得有些绝对，但也如墨菲定律一样，确实反应了女人在爱情面前比较冲动和盲目。

其实，恋爱中的男人智商也不咋的。男人虽然看起来外表坚强，但内心其实还是个小孩子。拥有一颗"赤子之心"的男人，也近乎是瞎子和聋子。

恋爱会降低人的智商，这是有科学依据的。研究发现，当人陷入爱情时，体内会产生一种叫"血清胺"的化学物质，这种物质会挡住你理智的视线，让你无法意识到对方的缺点。

> **墨菲定律启悟**
>
> 爱是盲目的，婚姻就是撑起眼皮的小棍儿。

但仅仅热恋阶段有血清胺是没用的，人体具有自我调节能力，这种调节总是试图将机体调整回正常状态，血清胺在体内浓度会逐渐降低。一般高峰只能持续半年～四年，一般的话也就两年，当血清胺浓度降低了，对方的缺点就会一一显现了。

所以别太埋怨变心的那个人，那个人只是忠心地按照自身的化学反应采取行动而已。

在坠入爱河之前请备份，有助于伤后恢复

爱情的力量是人类本性中最盲目的力量。有的人，特别是女人，在坠入爱河之前没有备份自我，在不知不觉中慢慢地失去自我。她们不回朋友的电话，因为忙着和爱人在一起；不参加同事的婚礼，因为她们的恋人不想去；不再和女性朋友出去吃饭、逛街，因为害怕男友有机会邂逅别的女人。

有些女人只在开始谈恋爱时坚持保有自己，但在结婚之后也开始失去自我，她们将自主权交给丈夫，隐身于丈夫之后，很少想到自己的理想和追求。

如果因为爱情而完全失去自我，那么当他离开你时，你将怎么办？毕竟，人生充满了变数，要做好充分的心理准备面对生活中的始料不及。

有的人在爱情的来的时候不备份自我，在爱情走了的时候久伤不愈，明知道对方已经决意结束了，却还在那里拼命纠缠。"忘不掉，就是忘不掉"；"放不下，就是放不下"。

别以为爱情就是两个人变成一个人。爱情最强烈最美丽的时候，是因为对方能感觉到你与别人的不同个性，独特的自我正是你吸引对

方的最基本原因。

　　魅力女人，就是有充分的意志力去抵挡男人的进攻，也有足够多的魅力阻挡男人的撤退。

> **墨菲定律启悟**
>
> 　　如果你的心碎了，把碎片收拾起来。这世上总会有人想要把它补好。

所以，在爱情面前，我们要牢记墨菲定律及时备份自我，这不仅有利于使爱情更长久、更稳固，而且，当你在情场上受伤时，也容易重新开始新的生活。

你和最好的朋友被一个美女迷住时，最好的朋友就失去了

　　这条墨菲定律反映了爱情的排他性这个公认的事实。曾经听到过这样一则笑话：

　　男人说："你是我的太阳……不，你是我的手电筒。"
　　女人惊奇："怎么？不是说太阳吗？"
　　男人解释道："不行，太阳普照着所有的男人。我只希望你照着我一个人。"

　　爱情，我们可以说它是文明的产物，也可以说它是被复杂化和美化了的性关系。而爱情的排他性，无疑与动物争夺交配权有着千丝万

第五章 墨菲定律之五：爱情是物理反应还是化学反应

缕的联系，它足以让兄弟反目，朋友成仇。

在动物界，交配权是个很重要的权力。动物们为此要付出血与生命的代价。几乎所有的动物中，雄性动物都要通过竞争和打斗来争夺交配权。这种竞争的胜利者，都是那些体力更好，力量更大的雄性。这些雄性也是体质最强健，体貌最雄壮的，他们的基因更优秀，这样可以保证整个种群的个体更优秀，使整个种群在严酷的生存竞争中更容易延续下去。

人类作为灵长类的高级哺乳动物，其智商要远高于一般的动物，交配权的争夺方式也更具复杂化，在交配权的取得上应该与动物有着本质的区别。但这个标志并不代表动物性的完全剥离，相反它是一种动物性取得交配权的文明发展。在这个过程中，个体的优异对交配权有着重大的决定作用，其中财产、知识、头脑、健康等都是决定交配权的一部分。

人类发明了婚姻，然后把它法律化，因而结婚就意味着获得了交配权。虽然已经获得，但人对于自己的配偶之

> **墨菲定律启悟**
>
> 在一个美女走过来而你和你最要好的朋友都被她迷住的一刹那，你最要好的朋友不是你最要好的朋友了。

间的关系仍然具有很强的排他性，就像另一条墨菲定律说的那样：婚姻关系就像一只狗和一根骨头，他/她可能碰都不碰那骨头，只是不允许其他狗靠近。

不过，对于现代社会而言，爱情的这种排他性要掌握好度。如果双方都不允许与异性交往，那只能是自己把自己束缚起来了；而如果任何一方不能把握与异性交往的尺度，最终也必然注定了感情的破裂和爱情的消亡。**在乎，才会有控制欲；真爱，却会在关注的同时留给对方一片可以自由呼吸的天空。**

|墨|菲|定|律|启|示|录|

千万不要询问你不想知道答案的问题

在爱情里的男女，特别是女人，为了确定自己在对方心目中的位置和分量，常常会问很多问题，这其中，有一些傻问题，根本就不应该问。因为，这些问题的答案，要么是假的，要么是你不想知道的。

很多女人喜欢问："你妈和我同时掉到水里，只能救一个人，你先救谁？"任何理智的男士都不会轻易直接回答，大多数作答的人也会选妈妈，而如果一个男人毅然决然说出先救老婆，这话一定不可信，甚至这人都不可信。

还有的人总要问：你还爱不爱你的前任？这纯属庸人自扰的问题，愚蠢而且没有任何意义。如果 Ta 不爱前任，这个问题问了就是白问；如果 Ta 还爱着前任，你和 Ta 在一起又怎么会踏实开心？你又如何面对枕边人同床异梦的尴尬？所以这样的问题最好别问，重要的是 Ta 现在和你在一起。

有的人更傻，非要问对方交往了几个恋人，交往了多久，甚至还要问"我的床上功夫比你以前那位怎么样？""你们都是怎么做的？"如果没有强大的心理承受能力，这些问题没有几个人真的想知道。问过之后无论有没有得到答案，或者有没有得到真

> **墨菲定律启悟**
>
> 任何"为什么"的问题都没有答案，如果有的话，答案也不合乎逻辑。

实的答案，都只会给自己添堵，给感情蒙上阴影。

还有些人不仅在一起的时候问傻问题，分手时还要问，比如：我哪里比不上 Ta？你真的爱过我吗？为什么抛弃当初共同的理想？十年以后的分手纪念日我们可不可以见上一面？等等。

在情场上，有些问题的答案，不知道要比知道好。所以，听墨菲定律先生的话，不要自寻烦恼，不该问的就别问了。

钱买不到爱情，但无疑它的分量可以影响杠杆的平衡

钱，不是万能的，但没有钱万万不能。有这么一句话：朋友间，谈钱伤感情；恋人间，谈感情伤钱。现实生活中金钱和爱情就像是杠杆的两端，虽然很多人觉得金钱买不到爱情，但墨菲定律认为，凡事没有绝对，能不能买到爱情，还要看金钱的多少。当金钱的分量足够大时，无疑会影响杠杆的平衡。

有一个测试，主题是：你的一个仇人爱上了你的女友，现在想要你退出，你是一个正常的人，你爱自己的女友。那个男人愿意出钱来补偿你。这时候你要怎么办？

价钱开到 5 万美元时，现场观众论点很集中："5 万，简直是瞧不起人，为了 5 万放弃了爱情？更主要的是放弃了自己的人格。"所有的人都不约而同的否定了。

价钱开到 50 万美元，现场的声音小了一些，一部分的人开始自己的计算了，在过了好大的一会儿，绝大多数的男人依然选择了否定。

那么 500 万美元呢？可以过上好日子，可以开始自己的事业。现场的男人们开始犹豫和动摇。

价钱开到 5000 万美元，全场哗然了，对于大多数的人，一辈子也挣不了这许多。有女人说："有肯为我一掷 5000 万的男人，他一定是爱我的，这样有钱又专一的男人，为什么不选择呢？"

一个男人举手："他真的肯付 5000 万美元？"在得到肯定的回答后，男人说："爱情是无价的，但是我没有这个能力去照顾爱人，别人有，我应该放弃，并且我有了这许多的钱，我可以做很多有意义的事情，我可以成就事业，我可以帮助别人，这样的人生才有意义。"所有的人都深以为然。

墨菲定律启悟

想要得到你的另一半，你需要：时间，金钱和精力。三者的总和是常量。如果缺其中一样，另外两样的投入相应增加。如果缺其中两样，剩下的那样需要巨大的投入。如果三样都缺，没希望。

爱情是无价的，也只是面对钱多钱少的时候。钱多就高尚了。尊严、人性本来也是无价的，但在大把的金钱砸下来的时候，许多固有的观念都受到严酷的考验。

如果令你难以置信的话，你最好还是别信

改变命运的方法有很多种，但一些人最爱用的一种是婚姻，特别是女人。现实中，不少女人没有干一番事业的愿望，认为"干得好不如嫁得好"，她们"找个钻石王老五"的期待远远超过了"找个好工作"的期待，在择偶时首先考虑的因素就是物质条件，"屌丝"根本不考虑。

想嫁得好是情理之中的事，但是，当你想通过婚姻改变命运的时候，应该先问问自己：何德何能让别人为你提供这份终生的俸禄？

> **墨菲定律启悟**
>
> 绅士无非就是耐心的狼。

世界上没有无缘无故的爱。如果自己的条件不是足够好，却突然有一个条件好得难以置信的男人难以置信地爱上了你，最好如墨菲定律所言：别信。

有一个女孩认识了一个男人，他是某家公司的总经理，高大英俊，有房有车。女孩发现自己遇到了个高富帅，简直难以置信，于是就有点迫不及待，人家刚向她表白，她就已经找不到东西南北了，并且没过多久，就主动与人家谈婚论嫁。女孩不太清楚这个男人的真实背景，这个男人却看透了她的想法，所以经常编织谎言骗她，告诉她

自己如何有实力。当男人说公司资金周转不过来向她借钱时，女孩认为这只是自己的一个小投资不算什么，她将来得到的还比这些多得多。后来这个男人消失了，女孩这才发现，这男人的公司是皮包公司，并且他还是个赌徒，房子更是早就抵押了。女孩人财两空，悔之晚矣。

不靠谱的男人很多，把嫁人当成投资须谨慎，弄不好会损失惨重。一些男人很会伪装自己，装大款，摆阔气，靠花言巧语诱惑你，以谈恋爱的名义骗财骗色。

所以，在好事面前，我们保持头脑的清醒，多问几个为什么，冷静地做个分析识别，不要轻易进入别人的圈套。

被发好人卡，实际上是看不上你

好人卡就是女生或者男生恋爱的时候出现的一种状况，就是说，Ta 不喜欢你，所以给你发好人卡，意思是，说你太好了，我配不上你。其实 Ta 实际上是看不上你，这属于礼貌的拒绝。

不知道从什么时候开始，"好人"一词已经脱离了它原有的意义，而进化成男女恋爱时的专用术语，而且连使用

> **墨菲定律启悟**
>
> 被告知某人不愿和你约会是因为你是个难得的好朋友，就像被告知你得不到这份工作是因为你资历太高了一样。

者、使用时机、对白都已经发展成一套可以任意套用的系统。随着好人文化的发展，"好人"逐渐不再限于男性，而泛指对爱情付出却得不到回报的人，因此女性也加入了"好人"的行列中。

好人卡不是问题，问题是一直被发好人卡；是牛粪也不是问题，重要的是如何让牛粪变得珍贵。如果一个人在追求爱情的道路上一败再败，很有可能是 Ta 固守自己的不足和错误而不知提高和悔改。只有能够从过去失败中吸取教训，切实增加自己各方面的魅力，才能找到一个彼此都满意的伴侣，才会拥有长久的爱情和美满的婚姻。

爱过了，失去了，好过爱也没爱过

失恋无疑是让人悲伤的，但墨菲定律认为这种经历总比爱都没爱过要好。

每一段恋爱，都是一个成长的机会。失恋的过程，正是我们逐步成熟的过程。大多数人需要一次刻骨铭心的爱，这样可以尽早出现情感免疫，也可以为未来的日子留出更多理性的空间。

爱情是一位伟大的导师，能教会我们重新做人。正是失恋的残酷，让我们从幻想中觉醒，从虚幻中变得现实，重新审视自己。失恋让我们知道了真正的自己、真正的情感、真实的社会；失恋让我们更加深刻地检讨自己，更

> **墨菲定律启悟**
>
> 不管你曾经拥有了多少次，如果还有的话，接受吧，因为每次都是不同的。

多地了解习性和婚姻，帮助我们丢弃幻想，脚踏实地的重新开始爱的旅程。因为情伤，我们学会了如何去爱一个人，如何被爱；因为错过，我们学会了珍惜，磨炼了意志。

经历过失败的恋爱，最后选择结婚对象时，我们就会多了一份理智，多了一份冷静。随后，当我们经营着自己的婚姻时，才会从容应对扑面而来的各种问题，从而获得一生的幸福。

所以，不要为自己遭受的挫折、创伤而贬低、否定、惩罚自己，不要为失去的一段恋情而丧失对爱情的期待和向往。接受现实，信心十足地等待即将发生的恋情。

不过，也别在不经一番澄静与自我检视，就胡乱投进另一场恋爱。找个人来填补空虚，如同乱点鸳鸯谱，很容易再品尝失败。

你爱上一个人是因为，Ta让你想起老情人

一个人跟你分手了，是不是就从此与你没任何关系了？当Ta从你的生活中消失，你不再看到Ta的身影，不再听到Ta的声音，也不再呼吸着Ta的呼吸，你们是否真的从此撇清了？墨菲定律认为：答案是否定的。

据澳大利亚的一个社会研究机构发布的一组研究数据表明，几乎95%的人都会受到旧爱的影响，而且，这种影响还是多方面的，从生活习惯到思维方式，从饮食爱好到灵魂状态，真是无孔不入，深入骨髓。

当你跟前任相处时，你会养成一些与前任一样的习惯，当你的那

个 Ta 没有出现的时候，你的那些习惯还在，于是就不自觉地用你被前任影响过的观点去寻找下一个 Ta。当你遇到一个符合那些习惯的人，你就觉得爱上了 Ta。

很多人还以前任的标准衡量下一个交往对象，比如，要有前任所具备的优点，要没有前任身上的缺点。

所以，如果你要进行一次新恋爱，不可避免地会想起老情人。

那么，没有谈过恋爱的人呢？同样会想起老情人，只不过这个"老情人"是以前的暗恋对象，或是梦中情人。

墨菲定律启悟

在发现你的英俊王子之前，你已经吻过了无数只青蛙。

暗恋对象自不必说，梦中情人每个人都有。TA 或许不是别人眼中的最好，但却是自己梦寐以求的一个准则规范。如果有人说有一个让自己一见钟情的人，那这个人肯定符合其梦中情人的某个完美特质。

好女人或好男人就像泊车位一样，好的都给占了

经常会有男人这样慨叹："老婆还是别人的好……"其实，不仅男人如此想，女人们也常觉得别人的老公更优秀。不是有人说，女人嫁给谁都会后悔吗？

生活中，经常会听到女人们扎堆在说自家的老公，这个说你老公

很浪漫，那个说你老公很顾家，这个说你老公很会赚家，那个又说你老公长得帅，少会有人会夸自己的老公好的。

究其原因，主要有以下几点：

第一，彼此太了解。心理学告诉我们：距离产生美。有距离便会有神秘，有神秘感才会引起关注。相处一段时间以后，彼此已经没有什么距离，新鲜感逐渐消失。相反，看其他异性，则充满了好奇。

第二，求全心里的作用。人们总是希望自己的另一半完美无缺，看别的异性，相对而言多了些包容。

第三，比较时的信息不对称。大家知道：好与不好是相对而言的，是在比较过程中产生的。平时，我们看到自己的爱人，是平装本；而看到的其他异性则是精装本，感受自然不同。而且，一个人再好也不可能集人世间所有人的优点于一身，如果这样，那不就成了"完人"了

> **墨菲定律启悟**
>
> 女人永远不会忘了那个她曾经可以拥有的男人；男人永远不会忘了那个他没可能拥有的女人。

吗？但人们在比较时还往往将另一半与众多的人相比，那当然老公没有A先生高，没有B先生帅，没有C先生能挣钱，没有D先生浪漫……甚至将老公的缺点也同别人的优点比。这种"一对多"的比较方式，必然会得出错误的结论。

第四，心态不同。已经拥有的，不再珍惜，对其优点也习以为常；未曾拥有的，如镜中之花，如水中之月，可望而不可即。无形中，爱人的缺点很突出，婚外异性的优点很可爱。

总之，并非我们的"泊车位"不好，只要我们明白了这条墨菲定律的道理，调整好自己的心态，就会发现自己的"泊车位"有很多优点，也常常被其他人窥视呢。

最吸引对方的品质也就是多年后对方所不能容忍的

恋爱是一件很美好的事情，多少文人墨客不惜用最美的词汇来赞美、讴歌。情人眼里出西施，在恋爱期间，Ta的一切都是美好的，令人向往。

但是，随着时间的流逝，一开始我们认为伴侣吸引我们的地方，会慢慢变得让人讨厌。尤其是女人，表现得更为明显，就如这条墨菲定律所说的，一个男人最吸引一个女人的品质，多年后就成了这个女人所不能容忍的。

黛安·费尔姆丽是美国加州大学的社会学家，专门研究夫妻关系问题。一天和她一起吃饭的女性朋友又像往常一样抱怨起丈夫周末要忙工作，从不陪她，"于是我问她，当初是看上了丈夫的什么？"她回答当初对他一见倾心，恰恰是因为他非常勤奋。另一个女朋友的苦恼是，丈夫从来不告诉她自己在想什么。"我又问她，'你以前觉得他哪里好？'她答道，'深沉。'"深沉的人确实不会随意表达自己的感受。

> **墨菲定律启悟**
>
> 当一个男人的妻子学会去理解她丈夫的时候，她一般不再听他怎么说了。

这是一个令人困惑

的悖论。为了搞清这个悖论，费尔姆丽进行了大量问卷调查，并在全世界范围进行验证，结果证明，恋爱对象最开始吸引她们的优点，逐渐变成了令她们讨厌的缺点。这样的例子不胜枚举，几乎所有你能想到的积极品质，到最后都会变得非常讨厌。

人还是同样的人，为什么后来的感受就变了呢？主要是人们的心境有了很大的改变。任何一种品质都有消极面。在爱情的童话里，我们只看积极的一面，并无限放大；而当激情退去，我们转而只看消极的一面，也无限放大。

所以，我们要学会辩证地看待和处理问题。当我们处在热恋时，要懂得审视对方身上那些吸引自己的品质，找到其中消极的一面，做好将来容忍的准备；而当多年以后我们意识到自己开始讨厌对方的那些品质时，要及早调整自己的心态，多看其中的积极面，不要把消极面放大。

浪漫就是常识从窗口飞出去了

什么是浪漫？浪漫，意为纵情，烂漫，富有诗意，充满幻想。

难怪墨菲定律说它是常识从窗口飞出去了。

在很多人眼里，浪漫就是花前月下，就是一起看流星雨，就是一起看日出，就是意想不到的一束玫瑰，甚至在最没钱的时候他还领你去最好的饭店饱餐一顿，然后带着浪漫一贫如洗地回家……

太多的女人爱浪漫，她们对浪漫的渴求就如同儿童对巧克力的迷

第五章 墨菲定律之五：爱情是物理反应还是化学反应

恋。但苛求浪漫却偏偏是女人幸福的天敌。

苛求浪漫的女人，为了保持那一份心跳的浪漫感觉，她们不停地向她们的男友或是老公提要求，当要求达不到时，她们就会觉得很痛苦，而即使得到了也可能是不真实的。浪漫的女人们就在这虚假的惊喜中延续着自己浪漫的梦想。而男人，往往在女人的不停要求下疲于应对，甚至苦不堪言。于是，悲剧在不停地上演。

英国诗人济慈说，我见过一些女子，她们真诚地希望嫁给一首诗歌，却得到一部小说作为答案。旅加华裔作家杜撰说，婚姻是一部书，它的封面是圣经，内容却是账簿。

生活是实实在在的。过度追求浪漫的女人很难保持清醒，男人们整天在外打拼，心力交瘁，女人却为了那虚无缥缈的浪漫而怪罪男人，结果是越怪罪离浪漫越远，最终窝一肚子气，惨淡收场。

聪明的女人懂得浪漫的真谛，懂得在平凡简单的生活中去追寻浪漫的蛛丝马迹。哪怕只是一个温柔的眼神，一次简单的牵手，一声再自然不过的赞美，都会让她们感到满足。

没有幸福就不会有长久的浪漫，而短暂的浪漫只是字面意义上的幼稚的浪漫。如果一个人只一味在真空中追求浪漫，那么很无情的事实就是——她还没有长大，还没有维系一份感情的能力，也不适合谈感情。

罗兰说：" 浪漫是爱情的佐料，过多的佐料不仅不会增加爱情的滋味，甚至可能会适得其反。" 的确，佐料，是可以锦上添花的东西，但并不是必不可缺的。

其实浪漫只是爱情海洋中的一朵浪花，怜惜才是支撑爱情大厦的基石，尤其对于婚后的夫妻来说，没有彼此的相互怜惜，就不可能做到患难与共、风雨同舟。

所以，不要把那些不切实际的东西当浪漫，多一点常识，多一点实在，多一点珍惜，才会多一点幸福。

> **墨菲定律启悟**
>
> 打开女人心的钥匙是在一个意想不到的时间送上份意想不到的礼物。

期待占据了快乐的98%

内心对某件事物的期待，常常使人快乐。尽管该事物尚未发生，或即将发生，或根本不会发生。

德国诗人歌德说过：哪个男子不钟情，哪个少女不怀春。男女之间有了好感之后，就开始期待，期待联络，期待约会，期待牵手，期待亲吻，期待亲热，期待结婚。可以说，恋爱就是一个不断期待的过程，所以恋爱中的人总是那么快乐幸福。

走进婚姻的殿堂之后，我们恋爱时的期待都实现了，又很难有新的期待，于是，我们的快乐越来越少，烦恼越来越多。

其实，不仅是爱情，人生中的很多事情都是这样的。比如，小时候我们期待圣诞节，使我们多么开心；长大了不再期待它的到来，也就难以体验到圣诞节的快乐了。

"期待"过程的本身，就会使人心情愉悦，所以，当你在爱情和婚姻中感到不开心时，就应当想到这条墨菲定律，问问自己是否已经没有了期待；如果有，它是否还和爱情有关，是否还和你的伴侣有关。如果答案是否定的，你就需要给自己制造一些期待，或者把对其他人、其他事的期待匀一些给伴侣了。

> **墨菲定律启悟**
>
> 厌倦，就是一个人吃完盘子里的食物后对盘子的感情。

别和女人争论，你永远赢不了

人生风云难测，爱情和婚姻也不会一帆风顺，恋人和夫妻之间也难免会有磕磕碰碰。这时候，作为男人，最好听墨菲定律先生的劝，不要和女人争论。

女人天生是情绪化的，一阵风，一场雨，一个影像，都能轻易引起女人心境的变化，更别说男人一不小心招惹了女人。在和女人争论时，她可以歪曲你的意思，然后正义凛然的把你打败。女人的想像力是很丰富的，当你说一的时候，她可以想像出二三四五六七八来，接下来全是关于你还爱不爱她的问题……你一开始去辩驳,然后她会说"你居然凶我……"再接下来演变成"你不爱我了……"

在女人生气时,跟她讲道理,即使赢了道理也会输了感情,因为她们会对此耿耿于怀,若干天后还清晰地记得当时的情形。

哥伦比亚大学发布一项报告说,研究表明,争吵数周后,女性还能清楚记得。吵架后,女性等于经历了一个压抑过程,此时雌激素会激活女性大脑中更大区域的脑神经,这就会让女性对该场景的记忆突然加深,这就是女性为何能记住争吵细节的原因。

> **墨菲定律启悟**
>
> 男人挑起的争论,他赢不了。不是他挑起的,他也赢不了。如果他赢了,那只有他这么认为。

所以,当女人莫名的坏情绪很容易点燃双方战火时,男人一定要记住奥斯卡·王尔德(19世纪爱尔兰最伟大的作家与艺术家之一)的话:"女人是被爱,不是被了解的。"女人一生气,真理就闭嘴。没多大的事儿,就多让着点女人吧!

第六章　墨菲定律之六：
与梦想相反的情况随时会出现

人开始时往往为梦想而忙，后来却因忙碌失去梦想

这条墨菲定律是大多数人的真实写照。遥想当年，青春年少时，我们每个人都心怀自己的梦想。有的人梦想成为爱迪生一样的发明家，有的人梦想成为备受瞩目的好莱坞明星，有的人则梦想成为医生、设计师……

但现代社会生活节奏日益加快，竞争压力也越来越大，在匆匆忙忙、周而复始的生活里，人们感叹"现实迎面而来，梦想抱头鼠窜"。

一个每天营营役役的男人也许已经忘记了他曾经梦想成为一名长跑运动员。他现在连上楼梯都喘气，每天只会计算赚了多少钱。

一个两子之母年少时的梦想是成为舞蹈家，在谈恋爱和结婚之后，她就忘记了。生了孩子之后，她有更多借口不跳舞。如今，她的腰围比胸围还大，已经舞不起来。

人可以没有美好的生活，但不能没有美好的梦想。无论梦想是大是小，是尊贵还是卑微，它都是每个人心中最崇高的向往。**黎巴嫩诗人、画家纪伯伦得好："我宁可做人类中有梦想和有完成梦想的愿望的、最渺小的人，而不愿做**

一个最伟大的、无梦想、无愿望的人——我们都拥有自己不了解的能力和机会，都有可能做到未曾梦想的事情。"

其实，不管你的梦想是大是小，是俗是雅，只要它不是邪恶的，那么怀揣美好梦想的人就是幸福的。那些通过努力实现梦想的人更让人羡慕和敬仰。

> **墨菲定律启悟**
>
> 大家都打算做事，大家也都做了，可是没有几个人做的是他当初打算做的事。

我们要为了梦想而忙碌，不要因为忙碌而忘记了梦想。每个人都应该珍惜自己的梦想，不要随意丢弃，轻易放弃，将它遗忘在岁月的角落里不理不睬，任厚厚的灰尘封住那四射的光芒。

目标太多的结果，会使你失去目标

忙忙碌碌是一种病，病根就在目标太多。美国一位著名心理学家认为：现代人之所以活得很累，心理很容易产生挫折感和种种焦虑，甚至不快，是因为迷失和被淹没在各种目标中的结果。

目标是我们人生的目的地。有了一个明确的目的地，就有了方向，也就可以心无旁骛，就不会把金子般的光阴浪费在无关宏旨的事情上。但是，如果一个人的目标太多，难免要四处奔走，疲惫不堪。

墨菲定律认为，人对生活的迷失都是所要或所想的太多，而又一时达不到目标造成的。

一个人的精力是有限的，把精力分散在好几件事情上，不是明智的选择，而是不切实际的考虑，因为在通常状况下，这几件事情都不会做得很好。而如果每次我们专心地只做好一件事，精力便能够集中，也必定有收益。

狮子追赶猎物时，会盯紧前面的目标穷追不舍，即使身边出现其他猎物，距离更近，它也不会改换目标。难道狮子的视野不开阔吗？难道狮子不想得到很多个猎物吗？不是的，狮子追赶猎物，不仅是速度的较量，也是体能的较量，只要盯紧前面的目标，当猎物跑累了，很可能成为狮子的美餐。如果狮子改换追击目标，新猎物体能充沛，跑得更快，更持久，捕获的可能性更小。

如果目标太多的话，只会令你眼花缭乱，筋疲力尽，最后失去目标。因此，我们得坐下来，把它们都写在纸上，逐个分析它们，问自己的内心：你真正想要的是什么？什么才是你人生中最主要的？慢慢地，你会找到自己最想要也最适合自己的目标。

> **墨菲定律启悟**
>
> 知道自己想要什么的人，比什么都想要的人更容易成功。

然后，将其他的目标删掉，别再胡思乱想偏离正确的人生轨道。

你最好的分数一定是你一个人玩的时候得到的

很多人都有这样的经历：玩游戏的时候，得到最好分数的时候，往往是自己一个人玩的时候，而如果你想骄傲地向别人展示一遍，很难再得到那么好的分数了。类似的墨菲定律让人懊恼，但很少有人深究其因。

那么，为什么会这样呢？主要原因就在于，一个人玩的时候无人打扰，我们可以专心致志、心无旁骛地玩这个游戏。

心理学研究表明，当一个人高度专注于此时此地此事，就会像被催眠那样，时空感觉变得扭曲，潜能就会得到开发。那些学习成绩和工作业绩真正突出的人，都是在时空扭曲的状态下获得成功的，他们坐下来连续学习或者工作几个小时，却感觉只学习或者工作了一会儿，一点也不觉得疲倦，甚至达到废寝忘食的地步，成绩自然会大幅提高。"只有偏执狂才能成功"也说明了这个道理。

成功是人人渴求的，但成功又不是人人都能如愿的。通向成功的道路往往并不平坦，影响成功的因素复杂多样。现实生活中常常会看到这样的情形：有的人对学业、工作、事业专心致志，不懈努力，不受外界诱惑的干扰，扎扎实实地向着既定目标迈进，最终获得了"好分数"；而有的人却经不起诱惑，见异思迁，对学业、工作、事业缺乏一种专注精神，结果是一事无成。

曾有这样一幅漫画：一青年挖井找水，挖了四五个深浅不一的坑，都没有出水，正准备挖新的"井"。画面下部的文字反映了他的心思：这下面没有水，再换个地方挖。而事实并非如此，如果那些"井"再深挖一些，就会找到丰富的水源了。

一滴从岩石滴下来的水看来是微不足道的，然而长年累月地滴，却能造成奇迹。如果我们在学习或是工作上不专注，而是浅尝辄止的话，那我们将没有什么突出的特长，也就永远

> **墨菲定律启悟**
>
> 没有得妄想症的人普遍注意力不集中。

不会成功。

　　法国作家莫泊桑，很小便表现出了出众的聪明才智。一天，莫泊桑跟舅父去拜访他的好友——著名作家福楼拜。舅父想推荐福楼拜做莫泊桑的文学导师。可是，莫泊桑却骄傲地问福楼拜究竟会些什么？福楼拜反问莫泊桑会些什么？莫泊桑得意地说："我什么都会，只要你知道的，我就会。"

　　福楼拜不慌不忙地说："那好，你就先跟我说说你每天的学习情况吧。"

　　莫泊桑自信地说："我上午用两个小时来读书写作，用另两个小时来弹钢琴，下午则用一个小时向邻居学习修理汽车，用三个小时来练习踢足球，晚上，我会去烧烤店学习怎样制作烧鹅，星期天则去乡下种菜。"说完后，莫泊桑得意地反问道："福楼拜先生，您每天的工作情况又是怎样的呢？"

　　福楼拜笑了笑说："我每天上午用四个小时来读书写作，下午用四个小时来读书写作，晚上，我还会用四个小时来读书写作。"

　　莫泊桑不解地问："难道您就不会别的了吗？"

　　福楼拜没有回答，而是接着问："你有什么特长，比如有哪样事情你做得特别好的？"

　　这下，莫泊桑答不上来了。于是他便问福楼拜："那么，您的特长又是什么呢？"

　　福楼拜说："写作。"

　　莫泊桑这才意识到，特长便是专心地做一件事情。他下决心拜福楼拜为文学导师，一心一意地读书写作，最终取得了丰硕的成果。

　　做事专注，才能深入其中，发现和掌握其中的诀窍，使自己在某一领域取得杰出的成就。不仅如此，专注这把神奇之钥会构成一股无法抗拒的力量。它将打开通往财富和高效之门，在很多情况下，它会打开通往健康之门，它也将打开通往教育之门，让你进入你所有潜在能力的宝库。所以，我们要记住这条墨菲定律，培养专注精神，使我们变得更投入，更高效，更富有成果，也更健康。

勤劳不一定能致富，但懒惰一定不能致富

很多人认为，勤劳可以致富，甚至觉得勤劳必然能致富。但是墨菲定律告诉我们，勤劳也未必能致富！现实生活中那些每天为工作劳碌奔波的劳动者，又有几个真的致富了呢？还有很多同样执著，同样兢兢业业，辛苦付出的创业者，但最终也未必能获得成功。

勤劳确实很重要，但它只是致富的必要条件而非充要条件，致富不仅需要勤奋，还需要很多因素，如智慧、胆识、能力、目标、市场、资产、信息、政策、人脉、特长、努力程度，还有正确的自我认知和自我定位，等等。

勤劳虽然不一定能够致富，但致富一定要勤劳。懒惰是人的本性之一，稍不留神就会流露出来。克雷洛夫告诉我们：恶劳好逸，人之常情。正因这是人之常情，所以大多数人没有致富。每个人都有允许自己偷懒的时候，但是富人与穷人的区别在于对待偷懒行为的不同方式。富人在心里有一个目标，也有一条准则，准则督促着自己不要懒惰，要向目标不断迈进。而穷人则放纵自己的懒惰，并任由懒惰成为一种习惯，仿佛在享受一种闲适，其实在虚度自己的人生。

科学研究表明，懒散消沉、不思进取，对身体和心理都非常有害，主要体现在以下几方面：

思维迟钝：惰性使大脑机能得不到充分发挥，大脑内啡肽及脑内核糖核酸等生物活性物质的水平降低。长此以往，则使大脑功能逐渐退化，思维及智能逐渐迟钝，分析判断能力下降。

免疫力下降：人体的免疫功能与运动密切相关。懒散者活动较少，四肢惰怠，久而久之，会使肌体内的免疫功能变得弱化。

身心疾病：惰性产生的消极心理会影响内分泌功能，而内分泌功能的改变又会增加人的紧张心理，形成恶性循环，导致身心疾病的发生。

懒惰的伤害是全面的，它永远是世界上最大的奢侈，诱惑的温床，疾病的摇篮，时间的浪费者，幸福的蚕食者，德行的坟墓。所以，即使你不想成为富人，也应该同懒惰作斗争。

不行动的人都有一套切实可行的计划

有梦想、有目标，做起事来才能有方向，而对于如何追逐梦想、实现目标制定一套切实可行的计划也是必需的。但有了良好的愿望和合理的计划不能将它们束之高阁，而要有实际的行动。

人有两种基本能力：思维能力与行动能力。没有达到自己的目标，往往不是因为思维能力，而是因为行动能力。只有行动才能产生结果，只有行动才是成功的保证。任何远大的目标、科学的计划，最终必须落实到行动上才能起作用。

第六章 墨菲定律之六：与梦想相反的情况随时会出现

英国前首相本杰明·笛斯瑞利曾说："虽然行动不一定能带来令人满意的结果，但不采取行动就绝无满意的结果可言。"在这个世界上，改造世界的直接动力是行动，而不是想法。不管我们心中的想法多么美妙，只有通过行动才能够变成现实。

有个笑话相信很多人都知道。

有个人每隔三两天就到教堂祈祷，而且他的祷告词几乎每次都相同。第一次他到教堂时，跪在圣坛前，虔诚地低语："上帝啊，请念在我多年来敬畏您的份上，让我中一次彩票吧！阿门。"

几天后，他又垂头丧气回到教堂，同样跪着祈祷："上帝啊，为何不让我中彩票？我愿意更谦卑地来服侍你，求您让我中一次彩票吧！阿门。"

又过了几天，他再次出现在教堂，同样重复他的祈祷。如此周而复始，不间断地祈求着。

到了最后一次，他跪着："我的上帝，为何您不垂听我的祈求？让我中一次彩票吧！只要一次，让我解决所有困难，我愿终身奉献，专心侍奉您……"

就在这时，圣坛上发出一阵宏伟庄严的声音："我一直垂听你的祷告。可是最起码你也该先去买一张彩票吧！"

> **墨菲定律启悟**
>
> 当你说你原则上同意时，这表示你实际上没有一点要付诸行动的意思。

路不行不到，事不为不成。幻想仅需用大脑去构思，梦想则需用行动去追求。只有走进丛林，才能呼吸缕缕绿色空气；只有涌入海洋，才能体验阵阵蓝色清凉；只有翱翔蓝天，才能抚摸朵朵白色浪漫。想成功，必须谨记这条墨菲定律，放弃空想，立即行动起来，朝着自己的目标前进。

| 墨 | 菲 | 定 | 律 | 启 | 示 | 录 |

成功的定义：站起来的次数比被打倒多一次

在人生道路上，许多人有着远大的目标。可是当 Ta 们选择了所追求的目标之后，是否准备好了去实现它的毅力？因为目标的实现光靠聪明是远远不够的，还必须培养不怕输的心态。**不怕输，结果未必能赢。但是怕输，结果则一定是输。**

墨菲定律认为，人可以被打倒，但是被打倒后能够站起来，就是一种自我的超越和精神的升华。面对失败的重创，可以坦然待之，厚积力量重新开始。这样的人即使被打倒，也永远都不会被打败。因为只要你站起来的次数比倒下去的次数多上哪怕一次，那就是成功。

中途放弃比继续前进确实要轻松容易得多。但是，退却是没有成功可言的。实际上，对大多数人来说，面临的最大敌人往往就是自己，Ta 们总是怕输，进而用减少尝试，或者用根本就不尝试的办法去避免失败。

> **墨菲定律启悟**
>
> 失败并不意味你浪费了时间和生命。失败表明你有理由重新开始。

当你失败时，要对过去的失误保持正确的哲学观。其实，我们所经过的每一次失败，都是迈向成功的铺路石，它或者为我们的前进道路扫除了障碍，或者告诉我们这是一条弯路、需要绕行。如果能将自己的失败看成是很有价值的投资，带上这笔财富继续开始下一轮的挑战，那这段经历就会成为人生不可磨灭的亮点。因为这些失败能教会我们太多太多的东西，让我们变得更加成熟，而且成功都是经过了若干挫折和痛苦的失败后才获得的。

所谓敌人，不过是那些迫使我们自己变得强大的人

在我们的生活当中，多多少少都会有几个阻拦我们的敌人。Ta们在我们原本顺畅的人生路上下绊子，在我们的功绩上抹黑；Ta们暗中操纵，时刻准备给你致命一击。但是往往就是因为这些人，我们才更加的奋发向上，孜孜不倦。

墨菲定律告诉我们，人生不可没有敌人。令人厌恶的敌人，恰恰就是你的最好帮手。

曾读过这样的故事：有人见到草原上的鹿被狼吞食的惨状，把狼全部消灭了。结果鹿群繁殖过快，草地啃没了，鹿群疾病丛生，面临着灭绝的危险。一个聪明的生物学家，建议重新引进狼。在狼的追逐、吞食中，鹿重新跑起来，鹿群体质恢复健康，优胜劣汰，使鹿群数量减少，草地重新恢复。鹿群整体灭亡的危机安然度过。

没有天敌的动物往往最先灭绝，有天敌的动物则会逐步繁衍壮

墨菲定律启悟

敌人只在两种情况下攻击——你有准备的时候和你没有准备的时候。

大。大自然中的这一现象对人类社会也同样适用。人，都有一种与生俱来的惰性。只有克服这种惰性，人们才能获得成功。那么是谁帮助我们克服了它的彼岸呢？是的，正是我们的敌人——无时无刻不在威胁着我们的敌人。

或许每个人都不希望有一个强大的对手，但是每个人却又不得不拥有一个强大的对手。感谢你的敌人吧！正因为他们的存在，才使我们有了危机感，使我们变得越来越强大。

出色的机会被巧妙伪装成无法解决的问题，反之亦然

人们往往会受到思维定势的限制，一旦碰到用现有方法解决不了的事情，就一筹莫展。其实，如果你熟悉这条墨菲定律，你就会懂得：无法解决的问题背后可能蕴含着难得的机会，只要你能突破惯性思维，就会获得意想不到的成功。

20世纪初，美国史古脱纸业公司买下一大批纸，因为运送过程中的疏忽，造成纸面潮湿产生皱纹而无法使用。面对一仓库将要报废的纸，大家都不知道如何是好。在主管会议上，有人建议将纸退还给供货商以减少损失，这个

墨菲定律启悟

机会与窥视机会的人数成反比。

建议几乎获得所有人的赞同。史古脱问他们,这是因为我们的疏忽而造成的后果,供货商可能痛快地接受退货吗?大家都面面相觑,谁也没有办法。

史古脱觉得,这可能是一个机会。经过一段时间的思考与反复实验,最后,他决定在卷纸上打一排排小洞,让纸容易撕成一小张一小张的。史古脱将这种纸命名为"桑尼"卫生纸巾,卖给火车站、饭店、学校等机构。意想不到的是,因为这种卫生纸相当好用而大受欢迎。从此,卫生纸巾风靡全球。

我们常常会遇到难以解决的问题,有的人会选择放弃,有的人会选择不达目的不罢休,而有的人会改变思路,寻找解决问题的新角度。毫无疑问,最后一种人是最有可能解决问题,并有大的收获的人。

不做决定的人是不会犯错的

成功是应该用果断和勇气去争取的。我们在面对一些难以取舍的问题时,慎重考虑,但是不能犹豫不决。因为一个人的精力是有限的,时间更是不等人,优柔寡断也会使人丧失许多机会。

歌德有句名言:长久地迟疑不决的人,常常找不到最好的答案。这句话告诉我们,做任何事都要当机立断。如果一个问题拖拉很长时间也难做出决定,那么,这个机会可能早已过去了。

"没有机会","错过机会了",所有失败者都可以用此来作为推脱之词，似乎人生的成败唯在于机会有无似的。其实机会无处不在，只不过正像有些人所说的：不是没有遇到好机会，而是没有抓住它。

机会之门对每个人都公平的敞开着，但它钟情于那些有准备的人，更钟情于果断的人。犹豫不决，整天胡思乱想坐等机遇的人，都是被机遇抛弃的人。这种人总是没有机会，即使机会光临他们，他们也会因犹豫不决而任其溜走。

每一个想成功的人都应该认识到，机遇如电光石火，惟有果断才能抓住它，而犹豫只能眼睁睁看着机遇从身边溜走。正如奥斯丁·普尔普斯说："当机遇降临时要果断、及时地把握它。"

> **墨菲定律启悟**
>
> 好事情总是为等待它们的人来临，但是，不要等太久，它们会擦肩而过，就像两艘夜航的船，再也回不到本可以相逢的那个刹那。

墨菲定律告诉我们，思前想后，犹豫不决固然可以免去一些做错事的可能，但也会让我们失去成功的机会。

人生中，有时不去冒险比冒险更危险

世上没有万无一失的成功之路，动态的社会总带有很大的随机性，各要素往往变幻莫测，难以捉摸。过于强调小心谨慎，就会处处谨小慎微，吓得我们不敢行动。

适当的冒险是成功的重要条件。险中有夷，危中有利，要想有卓越的结果，就应当敢冒风险。既有成功的欲望，又不敢冒险，怎么能够实现伟大目标？所以，一旦看准，就要大胆行动。

幸运喜欢光临勇敢的人。冒险是表现在成功者身上的一种勇气和魄力。冒险与收获常常是结伴而行的，希望成功又怕担责任、冒风险，往往就会在关键时刻失去良机，因为风险总是与机遇联系在一起的。而机遇稍纵即逝，过度的谨慎就会失去它。

放手一搏好于坐以待毙。钱损失了还是能赚回来的，惟有时间是不可能赚回来的，不管成功与否，总要对自己人生的一个交代。人生，应当如大海的波涛，既有高高的波峰，又有深深的波谷，在连绵不断的起伏跌宕中谱写激昂的人生之歌。没有风浪，平静如一潭死水的生活，又有多少荡人心魄的力量？有多少可以引起自豪的成分呢？

对于强者来说，"无险不足以言勇"。因此，一个真正的强者，厌恶平淡无奇的生活，他们渴望冒险，希望在生活中掀起巨浪，喜欢充满传奇色彩的浪漫生活。从这个意义上说，敢不敢冒险，正是区别强者和弱者的标志之一。

> **墨菲定律启悟**
>
> 对于不用负责的事情较易作决定。

越是输不起的人，越喜欢下大赌注

具有冒险精神是成功者的本色，但冒险精神并不是孤注一掷，如果把两者混为一谈，冒险就会成为鲁莽。莽撞之人敢于轻率地冒险，不是因为Ta们勇敢，而是因为看不到危险。所以墨菲定律才如是说。

这种人往往曾经获得过偶然的成功，因而把成功想得太简单；Ta们胆子很大，喜欢下大赌注，但心理承受力却很小，输不起。结果Ta们在孤注一掷中失去了所有的东西，包括东山再起的资本和信心。

成功者崇尚利在险中求，但并不是失去理性地盲目，而是发现冒险之事的价值之后，有计划有步骤地去制胜。

冒险精神，不是鲁莽，不是冲动，而是理智地去行动。所以，我们务必先了解可能遭遇的风险，并对每个可能发生的状况，预先设想应变的方案。分析盲目冒险的成分有多少，预估成功的几率有多少，且在过程中，需要不断地重新评估。尤其需要大的投资时，最好能先列出一张风险报酬评估表，将所有因素加以衡量，比如最坏的情况发生时，自己是否能够承受，而此投资标的报酬是否理想？

总之，成功不冒险不行，但随意冒险也不行。只冒该冒的险才能稳而快地走向成功。

> **墨菲定律启悟**
>
> 偶然的成功比失败更可怕。

兴趣是最好的老师，
但最好的老师也有很多差学生

兴趣，是指人对事物的特殊的认识倾向。人生的成功是和个人兴趣紧密相连的，做自己真正有兴趣的事情会离成功更近。从心理学角度讲，兴趣是人的需要的心理表现，它使人对于某些事物优先给予注意，并带有积极的感情色彩。兴趣起源于个体的需要，在社会实践中形成，这种内在的个体心理倾向可以在人的心理和行为中发挥积极作用，使你长期专注于某一方向，做出艰苦的努力，取得令人瞩目的成绩。

所以，人都说兴趣是最好的老师，然而，墨菲定律指出，即使最好的老师也免不了有一些差学生。兴趣主要起到黏合剂和催化剂的作用，如果一个人对某件事非常感兴趣但却不擅长、不合适，Ta 的兴趣再高也很难成功。

感兴趣走的路，未必就是适合自己走的路。现实生活中，不少人只顾做梦，却常常忽略了对自己的审视，不注重对自己的综合素质进行分析和论证，而后找一条最有利于发挥自己潜质的道路。

我们不否认兴趣对成功的积极作用，但也不要认为有兴趣就能成功。假如你很想成为量子物理学家但天生对数学木讷，假如你非常向往成为一个外科医生但一看到血就会晕倒，最好另做打算。否则，兴趣这个最好的老师就会多一个差学生。

墨|菲|定|律|启|示|录

许多人爬到了梯子的顶端，却发现梯子架错了墙

要获得成功的人生，必须执著，坚持自己的人生目标，永不退缩，永不放弃。但这是有前提的，只有目标是正确的，是适合自己的，坚持下去才会取得胜利；如果像这条墨菲定律所说，梯子架错了墙，那就不要坚持爬到梯子的顶端了。

在这个世事难料的世界，种种的原因都可能会制约着其梦难圆。对于那些错误的目标，该放手的时候就要明智地放开手。

> **墨菲定律启悟**
>
> 选择正确的方向，往往比跑得快更重要。

明知道这是一条走不通的死胡同，却还要继续往前走，面对的也许只有痛苦与浪费。

人的生命的过程，就是一个不断选择与放弃的过程，固执地"一条道走到黑"并不明智。放弃并不适合自己的目标，转向自己适合走的那条路，你的生命才可能获得它的最大值。

很多的时候，年轻时我们并不知道自己想要的是什么，只觉得很美好，等到撩开神秘的面纱，才发现不是自己想要的。也或者，我们知道自己想要什么，但由于各种因素的影响，我们选择了"曲线救国"，用一生的时间走曲线以期达到原来的目标，然而等到最后，蓦然发现，自己选择了一条错误的路，不知不觉的在追求的道路上慢慢偏

离了初衷,渐行渐远,直到最后与年少时的梦想分道扬镳。

诺贝尔奖得主莱纳斯·波林说:"一个好的研究者知道应该发挥哪些构想,而哪些构想应该放弃,否则,会浪费很多时间在差劲的构想上。" 其实不仅是研究者,我们每个人都应该记住这句话。

可是,大多数人当走过了职业生涯一大段路程以后,才开始问自己,这件事能成功吗?

无论目标是否正确,我们一旦开始就要花费很多时间。人的时间是十分有限的,在有限的时间里,应及时确立目标,反省目标,对于错误的选择应及时纠正,审慎地做出正确的判断。

毫无疑问,我们不应当轻言放弃,因为成功常常孕育在再坚持一下的努力之中。但是,有些情况是你已经付出了最大的努力,却未取得理想的结果,就需要我们认真考虑一下:如果选定的方向并不适合自己,就需要早点从"梯子"上下来,把"梯子"架到正确的"墙"上去。这时就不要再抱怨自己好不容易才梯子的顶端了。

成功总是不为人知,失败常常众目睽睽

每个人都想成功,不想失败。当我们成功的时候,总是想让尽可能多的人知道,最好全世界的人都知道,因此即使已经有不少人知道了,我们仍然觉得"不为人知";而当我们失败的时候,总是想让尽可能少的人知道,最好没人知道,所以即使只有区区几个人知道,我们仍然觉得"众目睽睽"。所以这条墨菲定律才如是说。

其实,是不为人知还是众目睽睽,不在于客观而在于主观,不在

于别人的眼光而在于自己的心态。

在这个世界上，很多人喜欢拿昨天和今天来比较，让自己沉迷于过去的成绩，或是笼罩在过去失败的阴影中。这无疑是作茧自缚。

为此，我们应该学会让自己的内心归零，忘记昨天，松绑自我。归零，意味着珍惜今天，走好脚下的路；归零，意味着畅想明天，迎接新的曙光。

及时归零，才不会在成功后背上沉重的包袱。只有把过去的"光辉"归零，才能避免思维固化，谨小慎微，循规蹈矩，甚至是抱残守缺，从而适应新环境，接受新事物，创造新成绩，实现新突破。只有把过去的"成绩"归零，才不会沾沾自喜，忘乎所以，自我膨胀，才能以平常心对待已有的成绩，把原来的成功当成新的起点，瞄准新的目标，挖掘新的潜力，洞察新的机会，攀登新的高峰。

> **墨菲定律启悟**
>
> 凡事不可过于执著，因为它们都会过去，无论是风光还是难堪。

及时归零，才不会在失败面前低头。对于失败，遭遇一次，相信不少人都会坚强站起来。但如果屡遭失败，或许就会有人逃避退缩、有人自我怀疑、有人意志消沉、有人抱怨不公，有的甚至是"一朝被蛇咬，十年怕井绳"，失去了面对困难的勇气，最后被失败彻底击溃。这些人与其说是被失败击溃了，还不如说是缺乏归零心态而被自己不良的心理击败的。面对失败，我们应敢于在心理上藐视它，将其统统归零；在行动上重视它，冷静分析、找出症结、制定对策，然后以轻松的心情开始新的尝试，昨天的烦恼和失败就会很快如过眼云烟飘散而去，迎接自己的将是成功的喜悦。

总之，及时归零是一种人生智慧。越是归零，人生越是丰富多彩。及时归零并不是一味的否定过去，而是要怀着否定或者说放空过去的一种态度，去融入新的环境，对待新的事业，新的事物。

第七章　墨菲定律之七：

在职场上，你想精明还是老实

墨|菲|定|律|启|示|录

并不是因为你能做某种事，就表示你能靠其生活

人们常说，有一技之长就不愁没饭吃。这句话在古代几乎是真理，但墨菲定律提醒我们，如果是在现代社会，还要看你这个一技之长是什么，否则，就算你很精通某种事，也未必就能靠其生活。

比如过去的翻瓦匠，以前瓦房很多，而且一般使用小青瓦，年代久了，尘土、枯枝树叶堵塞瓦沟，雨水倒灌瓦缝，或者瓦片碎裂了，就必须请翻瓦匠来翻瓦。可是，随着瓦房的逐渐绝迹，想靠翻瓦技术生活，显然是不太可能了。

再比如补碗工、补锅匠、打字员，等等。社会在发展，技术在进步，尤其是网络经济的发展，很多职业将逐渐淡出历史。

在市场经济日益发达的今天，人也是一种商品。作为一种特殊的商品，人正在由各类学校和公司批量生产。这使得人与人之间的竞争更加激烈，能够胜出的人都必须拥有自己的卖点——行销学上称为"独特的销售卖点"。如果你没有卖点，或者这个卖点不被社会所需要，你就无法靠其生活，更别说获得职场上的成功了。

对于职场人士来说，想要保住饭碗，就不能

> **墨菲定律启悟**
>
> 如果你只有锤子，你往往会把一切事物都看成钉子。

坐吃老本。目前西方白领阶层流行这样一条知识折旧定律：一年不学习，你所拥有的全部知识就会折旧80%。今天我们刚刚掌握的知识，到了明天仿佛就又陈旧，眨眼的功夫，一大堆新名词、新观念、新概念、新时尚、新潮流便铺天盖地地出现，势不可挡！

在这样的环境中，如果我们在选专业、选职业时没有一定的前瞻性，很快就会失业；如果我们工作了多年不知及时补给，马上也会被"后浪"所代替。

不值得去做的事，总会做不好

在职场上，无论做什么事、担任什么职位，我们都需要脚踏实地、全力以赴。这也许是一个笨办法，但却是一个有效的办法。因为这样会使你越发能干，同时你的心智也会成长，可以追求更大的上升空间。

有人会说："这份工作不值得我做。我这么聪明能干的人不应该做这么卑微的事。"墨菲定律会告诉你，如果你认为这个工作不值得做，你就做不好它。

心理学上有一个"不值得定律"，与此条墨菲定律如出一辙。

不值得定律说的是：不值得做的事情，就不值得做好。这个定律反映出人们的一种心理，一个人如果从事的是一份自认为不值得的事情，往往会持冷嘲热讽、敷衍了事的态度。不仅做好的率小，即使做好了，也不会觉得有多大的成就感。

所以我们要选择自己值得去做的事情。那什么样的事值得去做呢？一般而言，可以参考这三个因素：

一是个人价值观。只有符合自己价值观的事，我们才会满怀激情的去做。

二是自我个性。如一个好交往的人成了档案员，或一个害羞者不得不每天和不同的人打交道，都不是好选择。

三是现实处境。如，在一家大公司，如果你最初做的是打杂跑腿的工作，你很可能认为是不值得的，可是，一旦你被提升为领班或部门经理，你就不会这样认为了。

可见，选工作要选自己认为有价值的事情，而且要符合自己的个性特点；如果现实所迫，不能选择很喜欢的工作，也不要消极对待，应该学会改变自己，脚踏实地并全力以赴，迈着坚实的步伐一步一个脚印地走向那个你认为"值得"的职位。

> **墨菲定律启悟**
> 能起作用的笨办法不是笨办法。

没什么事情像看上去一样简单

在工作中，人们总是愿意去关注那些复杂的工作，而对那些简单的工作不屑一顾。殊不知，越简单的事就越会出错。

其实不仅是工作，任何事情都没有看起来那么简单。相信你在街头巷尾看见过这样一种简单的游戏：连续从 1 写到 600，不能出错（不出现漏写、颠倒，中途也没有涂抹、修改）。如果出错了，你交的押金不再返还；没出错的话，不但返还，而且还有礼品拿，甚至直接返还给你价值数倍的财物。

对于稍有文化的人来说，写错数字的概率貌似非常小。但观察一会这个小游戏，或者自己亲自做过之后就会发现：这件事看似简单，却鲜有人能完全写对。

有什么工作比这种写数字的游戏还简单吗？

随着现在企业分工越来越细，其中能够决定大事要事的高层管理者毕竟是少数，绝大多数员工从事的还是简单的，繁琐的，不起眼的小事。但优秀者却能在这一份份简单的工作和一件件不起眼的小事中，从准备做起，从点滴做起，显示出了个人的非凡能力和无穷魅力。相反，每个企业也总会有些员工，天天想着怎么尽快出成绩，怎么一下子就干出点惊天动地的大事，好让人刮目相看，但却往往没有对工作中细节的负责到位，结果漏洞百出，错误不断，甚至酿成大祸。试问这样的员工能获得晋升吗？

看似一件简单的事，但它就有可能出错，这是墨菲定律给我们提出的严正忠告和警示。作为职场人，我们要时刻告诉自己，再熟悉的工作，再简单的工作，都不可掉以轻心。

> **墨菲定律启悟**
>
> 无论多简单的工作都有可能出错。

如果你自己觉得不够称职,你也许确是如此

人总是倾向于肯定自己,并且希望得到他人的肯定;同时,我们也总是容易看到别人的不足,而很难看到自己的不足。因此,我们对自我的评价往往在别人眼里偏高。比如,你觉得你做得很好,可能别人觉得你只是合格;你认为做得合格,别人会认为不合格;你觉得不合格,别人则觉得很差。

在职场中这种现象更为明显,因为员工与老板的标准不同,目标不同,利益上也存在一些的矛盾,所以如果你都觉得自己不够称职,在别人眼里,尤其在老板看来,你是不是称职就可想而知了。

> **墨菲定律启悟**
>
> 若自认你的工作表现完美无缺,并不证明你工作优秀,只不过是你的标准不够高。

那么,如果你认为自己表现得完美无缺呢?在别人看来很可能是"还不错,但还应提高"。

如何让自己在职场上脱颖而出呢?显然,我们应当领悟墨菲定律的暗示,以高标准衡量自己的工作。

生活一再昭示我们:事情不分大小,都应使出全部精力,做得完美无缺,否则还不如不做。只有养成做事精益求精的好习惯,我们的工作才会做好,生活才会过得愉快。

无论走到何处，在工作中追求精益求精的人，总是受人欢迎的。做事力求精益求精，在使你迅速进步的同时，还将大大地影响你的性格、品行和自尊心。如果你要让别人瞧得起自己，就非得秉持这种尽善尽美、精益求精的态度去做事不可。

工作忙碌之余开个小差，往往会被领导发现

多数身处职场的人都会有这样的经历：在干活的时候，领导就是不出现，可当我们刚忙完开个小差、偷个懒，就不幸被领导逮到了。

为了赶一个项目，莉莎一连忙了好几天。这天午后，终于忙完了。于是，莉莎利用上班时间偷偷溜出去在公司楼下做了个 SPA。没想到，刚从美容院出来，就碰上了老板。

第二天的会议上，老板严厉地指出：有些一直表现很好的员工，最近心思不正，上班时间尽做些无关的私事。

虽然没有点名，但是莉莎既忐忑又委屈，为什么连续几天加班老板看不见，偶尔去放松一下就被逮了个正着呢？

职场中这样的事很多，好好工作的时候领导不出现，一旦开小差，比如，外出办私事，开会刷微博，上班 QQ 私聊、打私人电话、看帖子、打游戏、看电影、看股票，领导往往就奇迹般地出现了。

很倒霉吧？是领导故意找茬吗？其实，上班时间与领导玩"躲猫

猫"是一个有风险的游戏，它同样受墨菲定律的支配。我们知道，只要倒霉的事可能发生，就会发生，而且发生的几率要比我们想像的高；而且越担心某事发生，这件事越会发生。所以，我们在上班时间开小差，常常被抓住。

当然，这里面还有错觉存在：我们在忙着做事的时候，领导不是没来，而是我们根本无暇顾及到领导的到来。所以，给我们的感觉是，我们干活的时候领导不出现，偏偏在偷懒的时候领导出现了。

如何破解这个墨菲定律？有人总结出很多上班偷懒的办法，甚至还有人开发出了专门的软件。但这些都不是根本的解决办法，它们只是降低了一些被发现的几率，仍然无法逃脱墨菲定律的惩罚。因为只要偷懒，就有被发现的可能。

中国有句古话叫"要想人不知，除非己莫为"，要想杜绝偷懒被抓，最有效的办法是不在上班时间做私事。

墨菲定律启悟

> 当老板走过你的办公桌时，你总是在做一些工作以外的事情。

公司是讲求效益的地方，任何投入必须紧紧围绕着产出来进行。上班的时候做私事，无疑是在浪费公司的资源和时间。如果你被发现在工作期间开小差，老板就会觉得你不够忠诚，不够敬业。对老板来说，工作时间在做什么，很大程度上反映出员工的工作态度。有些老板通常把工作态度当作一位员工是否积极上进、安心本职工作的考核标准。因此，公私不分，工作时间偷懒耍滑，既影响你的工作质量，也直接影响了你在老板心目中的形象。我们需要认识到，公司所付给我们的薪水是到下班为止，即使是下班前一分钟，老板也不愿意员工开小差。如果你是老板，你也一样是这种思维。

所以，如果你想在职场上有所作为，必须成为一个能自律的人。

无法想像，一个做事马马虎虎、没有领导督促便会偷懒甚至消极怠工的员工能够把工作做好，能够得到提升。

一个人要在职场上获得成功，不能随心所欲、感情用事，对自己的言行应有所克制，这样才能使错误、缺点得到抑制，不致铸成大错。一位作家说："哪怕是对自己的一点小的克制，也会使人变得强而有力。"德国诗人歌德说："谁若游戏人生，他就一事无成，不能主宰自己，永远是一个奴隶。"要主宰自己，必须对自己有所约束，有所克制。如果缺乏自制力，使自己沉迷于懒惰和贪玩之中，就等于失去了方向盘和刹车，必然会"越轨"或"出格"，甚至"撞车"，"翻车"。

自律是出色工作的前提。只有做到自律，让领导相信你可以不用别人的监督和催促就能把工作做好，Ta才能放心地把更重要的工作交给你；只有做到忠诚敬业，你才能顶得住各种诱惑，一切以公司的工作为重心。这样一来，你想不出色都难。

当然，上班时间不开小差并不是要大家都装着忙碌的样子。装出来的忙碌，或者总是加班加点，也不会有多大好处。关于这一点我们将在下一节详细讲述。

时常加班的人并不能得到重用

有一种人，桌子上摆满了文件，总是显得很忙碌，一副日理万机的样子。这种人工作十分认真，对自己的本职也充满了热忱，从来不多休息。Ta们不论星期天还是休假日,都不惜将自己全部的精力放在工作上。他们以为这样做就能给老板一个好印象,认为要想往上爬就要付出这样的代价,这样才能得到大家的好评和老板的重用。关心集体、关心工作、把工作看作是第一位的,这还不够吗?哪个老板会不喜欢下属天天加班?

可不幸的是,这种人往往被墨菲定律先生愚弄,虽然付出不少,却很难得到重用。这是为什么呢?

许多精明的老板从下属的忙碌中能看出许多问题,Ta们中的相当一部分人是因为自己的能力有限,就希望通过忙碌来引起老板的注意,Ta们生怕自己的重要性被忽视,便加倍地忙碌,其目的在于把自己表现为一个能干的人。但精明的老板总能透过Ta们的工作内容,看出Ta们的本领,而无须探询Ta们忙得团团转的理由。因为,困难的工作,不一定会使人显得很忙。而终日忙得晕头转向的人不一定是个能干的人。

有部心理学著作认为:有的人总是企图表白自己的废寝忘食,其实Ta内心隐藏着本质上的怠惰。精明的老板往往能看出,这是一个对工作缺乏关心和兴趣的人,Ta也许是害怕遭到别人的非难和惩罚,以至陷入战战兢兢的状态里,倘若受不了连续的紧张,为了消除内心的紧张和不安,迫使Ta只好采取一种期待赞赏的行动,这样一来,Ta便成了一个时常加班的人了。

虽然有时不能合理安排自己生活的人，常常能成为一个好的能干的职工，但这种人作主管是不太合适的，这种人不太适合做管理人、调度人的工作。Ta对自己的需要和愿望都不能很好地理解，就更不能及时满足大家的各种欲求，不能充分调动大家的积极性。因此，Ta们往往得不到正常的升迁。

> **墨菲定律启悟**
>
> 加班加点，废寝忘食有时很可能是不具备效率和工作能力的表现。

偶然一次的加班，能够体现你的工作热忱，提升你的工作业绩，也能给你的老板留下一个良好的印象，但是我们不要经常加班，否则不会给你带来好处。

不要争先，也不要落后

很多人在职场中往往都急于显露自己的才能和实力，盼望尽快得到上级的认可和刮目相看，因而表现得锋芒毕露。这可能会形成某些潜在的被动。

墨菲定律提醒我们，凡事爱表现，争出头的人，往往会受到人们的攻击、嘲讽、指责。更有甚者，由于嫉妒心作祟，还可能有人施计陷害你，让你生活在一种无形的压力之下，时时处处都有障碍，让你做人做不好，做事做不成。在职场中常常会遇到这样的情况。许多因为有特殊才能或特别贡献而争先的人，往往容易成为受打击的对象。

当老大固然风光，但也容易成为众矢之的。所以，当别人推选洛克菲勒当总统时,他说"我不当总统,总统听我的。"这是一种智慧。

长跑中有一个非常重要的技术就是"跟跑"。所谓的"跟跑"就是紧随在"领跑者"的身后,这样做的好处是利用"领跑者"所产生的空气涡流真空,减少空气阻力,待冲刺时有更充分的体力去赢得最终的胜利。

所以,我们要记住这条墨菲定律,在职场中不要处处争先,以避免过于引人注目,给自己带来不必要的麻烦,从而蓄积实力,等待时

墨菲定律启悟

当你站起来表明立场,就会有人占据你的位置。

机,一旦形势有利于自己,就能脱隐显扬,实现目标。

职场中不能太争先,当然也不能太落后。升迁之争存在的一个普遍规律便是淘汰制,通过不断地淘汰来实现金字塔式的职位升迁。如果你长期处在金字塔的底层,被淘汰的几率就太大了。

别让自己无法替代,你无法替代就无法晋升

一个人要在职场中生存,必须有能力做好本职工作。试想,一个连当前的本职工作都做不好的人,老板会把更重要的任务交给 Ta,进而提拔 Ta 吗?不仅不会,而且 Ta 连位置都难保。所以,要想保住自己的位置,就一定要努力把当前的工作做好,这样,老板才会认为你

很能干，才会考虑把更重要的任务交给你去办，进而提升你。

但墨菲定律同时也指出，不要试图使自己成为这个岗位上不可替代的人。如果除了你之外，没有任何人能像你一样胜任此岗位，也就意味着你需要一直待在这个位置上。

把本职工作搞得有声有色不是为了在这个岗位上干一辈子。所以站稳脚跟之后，要表现出你具有较强的组织领导力，让老板意识到你能干更重要的工作。

> **墨菲定律启悟**
>
> 某人技术能力和他的管理水平成负相关。

无法替代能让你保住这个位置，也让你一直停留在这个位置上。因此，我们在某个岗位上时，可以显得很称职，但不要表现得太称职以至于无法替代，而应在位置稳定后重点提升和展示更高级别那个岗位所需要的能力。

当你沉浸在晋升的喜悦后，烦恼就会到来

经过一番努力，终于获得了晋升！很多令人兴奋、好奇、新鲜的事情因为职位的升迁接踵而来，薪水上涨、职权变化、待遇改变，甚至坐的位置、摆设都会随之改善，周围人的态度也开始改变……这一切，都是多么令人高兴的事儿！

但随着时间的推移，墨菲先生就会探出头来，使你难堪——你会发现在晋升喜悦的热度慢慢降下来以后，很多烦恼突然涌现出来。

查尔斯在一家高科技公司做技术开发工作。由于他工作非常努力，深受上司赏识。于是，在不久前被公司提拔为某一项目主管。查尔斯很高兴，决心更好地工作来回报上司。可上任不久，查尔斯却发现自己困难重重，一是自己需要管理好这个项目小组，这让他忙的焦头烂额，根本无暇太多顾及技术的事；二是小组中资历比自己老很多技术人员对自己不服。结果，工作进展的很不顺利，项目计划一拖再拖，公司对此大为不满。

查尔斯工作明明很努力，为什么却有这么大的烦恼？

这是很多职场人士难以避免的墨菲定律。这条墨菲定律可以用"彼德原理"来解释。

彼得原理是美国学者劳伦斯·彼得在对组织中人员晋升的相关现象研究后得出的一个结论，也是管理心理学的一种心理学效应，指在一个等级制度中，每个员工趋向于上升到他所不能胜任的地位。

彼得原理有时也被称为"向上爬"的理论。这种现象在生活中到处可见，比如，一个称职的技术专家被提升到总经理位置后却不胜任管理和营销等决策的职责，导致工作并没有作为。这不仅使其心理不轻松，反而会感到压力倍增，疲惫不堪，甚至忧虑重重。

这条著名的彼得原理，是彼得根据千百个有关组织中不能胜任的失败实例的分析而归纳出来的，也是关于层级组织最精辟的论述之一。

那么，为什么那些多年来表现都很卓越的人士，突然间就无法胜任新工作了？因为他们并没有领悟到新工作所需的能力和应该具备的条件，还是依然故我，按照先前在旧职务上获得成功并得以拔擢的那套做法行事。

如何破解彼得原理？很多管理学家从企业的角度提出了不少有争

议的方法，而对于职场人士来说，惟一能做的，就是在晋升之初尽快充电，迅速掌握新岗位所必需的技能，让自己成为少数胜任者。这时候或许你真正吸收到墨菲定律的启示，并自有办法破解彼得原理了。

你今天还在批评的人，或许明天将会是你的上级

职场中的事有时很难预料，一个人今天还是你的同事，甚至是你的下属，说不定明天就突然成了你的上级。所以，墨菲定律提醒我们，在同一家单位而工作，要注意搞好上下级、同事之间的关系，无论是从安身立命角度还是从事业发展的角度来看，都是多结缘、少结怨比较有利于自己。

但很多人在工作中看到同事或下属做得不对，总是喜欢去批评；而当自己做错了事情，别人来批评自己，又觉得心里不爽。这就是人性的弱点。

我们总是希望得到别人的赞扬，同样我们的都害怕受人指责。从心理学上说，批评很少起积极作用，它往往激起人的防卫心，并为自己的错误竭尽全力进行辩护。

因批评而引起的羞愤，常常使同事、雇员、亲人和朋友的情绪大为低落，因为它常常伤害

墨菲定律启悟

你可以不讨好人，但一定不要得罪人。

一个人宝贵的自尊,伤害他的自重感,并激起他的反抗。这种例子在历史上司空见惯。

批评不但很难改变事实,反而会招致愤恨。卡耐基说:"批评就像家鸽,它们总会回来的。如果你我明天要造成一种历经数十年、直到死亡才消失的反感,只要轻轻吐出一句恶毒的批语就行了"。

假如你不想让别人,尤其是某一天突然成为你上级的人反感你,平时就尽量不要批评别人。

本来是给人帮忙,结果会变成自己的事情

一般来说,人与人之间应当互相帮助。同事忙得团团转,为不能按时完成任务着急上火,而你在旁边冷眼相看,显然不太合适;如果你搭把手帮一把,同事间的信任和感情就可能建立起来了,下次你有什么事,也容易得到同事的帮助。

但是,墨菲定律指出,给人帮忙要雪中送炭,而不要越俎代庖,如果别人没有达到非被帮不可的程度,而你只是凭着热心去帮别人做事,后来那些事就会变成你的事。

> **墨菲定律启悟**
>
> 每天比大家期望的多做一点,很快大家就会期望你做得更多。

琼斯是一个乐于助人的女孩,大学毕业后她上了班,有了两个新室友和一群新同事。在合住的房子里,琼斯勤

快地打扫卫生，收拾房间，有空就下厨；在单位里，琼斯热心地给同事帮忙。

一段时间后，琼斯看到了自己努力的"成果"：两个室友把琼斯当成了免费的保姆，外出娱乐时却不会叫上琼斯；同事们把琼斯呼来唤去，推给她很多工作，什么事也不问她的意见，但对琼斯却没有好感或歉疚，始终把琼斯当成一个可有可无的人。琼斯难过极了，她怎么也没想到自己做了那么多，结果却是这样。

不要以为热心为别人做事就能赢得对方的好感，过于善良和软弱换来的将不是喜爱、欢迎，而是疏远、冷淡、不感兴趣。过于顺从只会纵容别人看不起你，又怎会把你当作平等的同事或朋友呢？

如果你一贯正确，就会让领导忍受不了

墨菲定律认为，作为下属，应适当掩饰自己，尤其是你遇到一个平庸的顶头上司，更需要如此。由于自身的能力有限，Ta又想保住自己的位置，因此会千方百计地显示自己的能力。而你如果一贯正确，你的想法总是比Ta的多，策划比Ta做得还好，而且你又不懂得适时掩藏一下的话，Ta一定感觉很失落和紧张。这时候，也许你离倒霉就不远了。Ta可能会想方设法窃取你的成绩，或者给你穿小鞋，或者干脆把你挤走。

每个领导都有获得威信的需要，很少有人愿意让自己的下级的成

绩超过自己。在工作中，如果你把事情处理得过于圆满而让人挑不出一点毛病的话，那就显示不出领导比你高明的地方。这样不仅不会得到提拔反而会被"封杀"。

其实，适当地把自己安置得低一点儿，就等于把领导抬高了许多。当被人抬举的时候，谁还有放不下的敌意呢？

要知道，只有当领导对别人谆谆以教的时候，自尊与威信才能很恰当地表现出来，这个时候，Ta的虚荣心才能得到满足。

领导交办一件事，你办得无可挑剔，似乎显得比他还高明，Ta可能就会感到伤了自尊。如果换一种做法，对于Ta交办的事，你三下五除二就处理完毕，领导会首先对你旺盛的精

> **墨菲定律启悟**
>
> 你可以不知道谁对，但一定要知道谁说了算。

力感到吃惊，效率高嘛。而因为快，你虽然完成了任务但不一定完美，这时上司会指点一二，从而显示Ta到底高你一筹。这就好比把主席台的中心位置给上司留着，单等着领导来作"最高指示"一样的道理。

所以，如果你的能力很强，不妨适时在明显的地方留一点儿瑕疵，让领导一眼就看见你"连这么简单的问题都搞错了"，而不是一贯正确，这样一来，领导会失去对你的戒心，更加器重你。

若想讨好上司，就把别人做成的事归功于他

功劳是人人向往、人人想占的。能灵活运用墨菲定律的下属总是善于把别人做成的事归功于上司，从而赢得上司的好感和信任。

可能有人会说，把别人的功劳给上司，那别人不是要恨死我吗？其实未必，当上司笑纳了这个功劳后，矛盾就基本上只存在于上司和别人之间了。何况，在大多数情况下，一个好的结果往往是多人配合的结果，这个"别人"常常是一个群体，你把这个群体的功劳给上司，顺便再夸一下其中贡献突出的几个人，大家就皆大欢喜了，不仅没有人恨你，相反，上上下下都对你充满好感。

也许有人觉得，这种做法有点龌蹉，而且难度很大。那好吧，不把别人的功劳给上司，把自己的功劳让给上司总可以吧？

我们可以看到，很多人在讲自己的成绩时，也往往会先说一段套话：成绩的取得，是上司和同事们帮助的结果。这种套话虽然乏味得很，却有很大的妙用，显得你谦虚谨慎，从而减少他人的嫉恨。如果你不这样做，而想把功劳全揽到自己怀里，很容易引来不满。

德国战败后，苏联元帅朱可夫曾在柏林举行了一场盛大的记者招待会。这位元帅在长时间回答记者的问题时，竟然一句也没有谈到斯大林。直到招待会快结束时，有一个记者问到："斯大林是否经常地积极地参与你指挥的战役？"这时的朱可夫才简短地回答说："斯大林

元帅积极地、经常地领导苏德战场上的一切地段，其中也包括我所在的地段。"

斯大林对朱可夫的"忘恩负义"感到很不愉快，说朱可夫有阴谋企图，想逮捕朱可夫，因反对者过多才作罢。但不久，朱可夫被发现囤积德国的财物。1946年6月9日，根据罗织的罪名，斯大林签署命令，指责朱可夫："不谦虚，过于傲慢，把战争期间取得所有重大战役胜利的决定作用归功于己。"指出"朱可夫元帅怀着仇恨，准备网罗一些失意者、被撤职的司令员，从事反对政府和最高统帅部的活动"。随即，朱可夫担任的三个要职被撤销，从党中央委员会中开除，降职贬到二级军区任司令员。

面对成绩，人人都希望有自己的功劳。但对下属来说，重要的不是自己有没有功劳，而是你的上司有没有功劳。这种碰都不能碰的潜规则，不管你喜不喜欢，它们都客观存在着。

升职从来不是完全"论功行赏"的。聪明的下属要学会把功劳"戴"在上司的头上，而不是自己的头上。只有上司头上的功劳"戴"多了，自己才会有功劳。

如果你知道你正在做什么，也许你会厌烦

在职场混迹多年的人大约都有这样的经历：面对新工作，无论是初入职场还是跳槽换了个工作，我们都充满激情：接到录取通知时是

那么开心,去报到时是那么忐忑;然后,我们积极学习,认真投入地做事,挖空心思地表现……

但随着时间的推移,渐渐地,墨菲定律探出头来,我们不再是一睁眼就兴冲冲地奔向办公室,而是从星期一就盼望星期五了;经常在想是否能撒个小谎不去上班,哪怕生病也好;在办公室,常常不想干活,干活的时候不知如何入手,而其实自己早已熟悉了工作中的一切。不是领导不赏识,也不是工作开展得不顺利,但我们就是烦透了现在的工作……

工作其实就像男人和女人,因为不了解而在一起,因为了解而厌倦直至分开。在不熟悉的时候,我们会因为彼此身体的偶尔碰触脸红心跳;而充分熟悉之后,曾经最渴望的事情也变成了一种负担。

人,都有喜新厌旧的心理,或多或少,或轻或重。

我们之所以对别人、对工作心生厌倦,不是别人或工作的问题,而是我们自己的心态。所以,在工作中,我们不要忘记随时调整心态。

(1)寻找工作的意义。很多工作倦怠源自我们在其中找不到意义。一项工作,对我们来说可能是第 N 次,可是对客户来说是第一次。有了这种心态,单调重复的工作也能让人产生兴奋感。

(2)改变工作视角。面对工作的乏味,我们可以把工作当演出,上场尽力表演,下场及时减压、放松身心。工作其实也是个舞台,当然应该尽全力演出。你可以用创意来打破工作的重复,制造新的精彩。你可以把压力、刁难当成挑战,这不仅不会让自己对压力感到愤怒沮丧,反而会让自己

> **墨菲定律启悟**
>
> 不管是西瓜还是芝麻,没捡到前别把手里的扔了。

的精彩工作增添新意。

（3）实在不行换工作。如果你觉得无论如何都不能克服对现在工作的厌倦感，就换个工作吧，否则，任它发展下去不仅会让你丢了这个工作，还会对自己的身心造成伤害。不过，如果你现在这个公司的待遇和氛围不错的话，最好还是先考虑是否有调换岗位的可能，然后才是考虑跳槽。跳槽前一定要谨慎行事，不要捡了芝麻丢了西瓜。

第八章　墨菲定律之八：

做管理，可绝不是个力气活儿

愚者居高位就像置身山顶，他小看别人，别人也小看他

我们听多了"尊重别人就是尊重自己"这样的言语，也知道要尊重别人才能得到别人的尊重这个道理，但现实中还是有那么多的人对别人不尊重，尤其是不明智的身居高位者。

在有一些人的内心深处，残留着浓厚的等级观念，将人分为几等，觉得"官"当得越大，似乎就越是高人一等。他们当了"官"，就洋洋得意，忘乎所以，情不自禁地显示出比别人高出一等的样子来。他们一朝权在手，便把令来行，把别人当成自己的工具随意呼来喝去、颐指气使。

过分突出自我，藐视他人的存在，必然会受到墨菲先生的愚弄。从管理者的威信方面来说，那些借助本人的道德品质、真才实学、高超的业务水平和工作能力，与众人建立密切的感情关系的管理者，威信越大；而那些借资历、职位，常摆出一副官样的管理者，其威信越小。

人与人之间都是平等的，也许你从事的工作比人家好，你的职位比人家高，但你也不能因此而瞧不起那些人，如果你不顾及他们的自尊心，对其予以小看、轻视，甚至羞辱、欺凌，那么招致对方不满、愤怒是必然的。这样你不但得不到别人的尊重，还会处处树敌。

每个人都是有自尊心的，都希望得到别人的尊重，只有当一个人

得到了相应的尊重之后，才能建立和发展与他人的关系。同样，领导要与员工建立和维持良好的人际关系，进而让员工努力工作，必须要做的就是尊重员工，让他们的自尊心得到满足，他们做事情才会更加用心，才愿意站到管理者的立场，主动与管理者沟通和探讨工作，完成管理者交办的任务，心甘情愿地为你干活。

所以，如果你是一个管理者，不管处在多高的地位，都要从理念

> **墨菲定律启悟**
>
> 管理的第一个秘奥就是真有管理这档子事。

上端正态度，摆正关系，正确对待自己，正确对待员工，让员工觉得可亲、可敬，这样才能得到拥护。如果一味高高在上，自高其智，目中无人，则大家必不肯忠诚效力。一旦失去手中的权力，则会成为孤家寡人，甚至成为别人嘲讽和打击的对象。

不管你怎么努力，你不能推一根绳子

权力是一种管理力量，权力的运用则是有法度的，而不能是管理者个人欲望的自我膨胀。因此墨菲定律提醒管理者：现在的人，犹如绳子，要想用好绳子，必须用各种方式"拉"，而不是"推"。

靠什么来"拉"？靠领导力。

领导力，就是一个人除了信念什么都没有的时候，他依然能够拥有追随者的一种能力和影响力。

| 墨 | 菲 | 定 | 律 | 启 | 示 | 录 |

我们在现实社会中经常可以看到，有的人经常把自己坐的位置等同于领导力，在某个位置上呼风唤雨，觉得自己无所不能，等到他一旦从这个位置上下来，他就会发现没有了追随者，可谓是"门前冷落车马稀"。这样的人并不是真正意义上的领导，起码可以说他不具备领导力。

构造领导力的一个重要要素就是管理者本身的行为。当一个管理者只说不做，只听到雷声而不见下雨，这样会逐步地丧失掉他的影响力。

身为管理者，不能只靠说，要靠做，必须率先垂范，为员工起到表率作用。只有让员工心悦诚服，你才有说服力，你说的话，别人才会听，才谈得上领导力。

古代人打仗，两军对阵，士兵们只需站在后面，擂鼓助威，摇旗呐喊；将领则必须一马当先，首先出战。

二战中的盟军名将巴顿经常亲临战场前线，身先士卒，做出表率，以鼓舞士气。他认为，一个集团军司令为执行战斗任务应不惜采用任何必要手段，但其任务的80%就是鼓励士气，每当占领一个城镇时，尽管还有狙击手射击和延期炸弹爆炸的危险，巴顿总是同第一批进入城镇的部队一道进去。每次两栖作战，他总是不待驳艇靠滩就跃入水中，在呼啸的子弹、大炮、迫击炮炮火中涉水登陆，向士兵们喊着鼓舞的话。

1942年11月9日上午，巴顿到北非达荷拉滩头视察部队补给品的卸载情况，滩头不断遭到敌机的扫射，装运士兵与补给品的船只靠岸后，却无法把船推开，一旦飞机出现进行扫射，士兵就隐蔽起来，因而延误了卸船。陆地附近重500码处正进行一场重要战斗，船上所运弹药和其他补给品都是作战部队所急需的。巴顿看了几分钟后跳下吉普车和士兵们一起干，他前后在滩头共呆了近18个小时，身上都湿透了。

在千钧一发的关键时刻，将帅本人的坚毅决心和模范行动，是取得战斗胜利的巨大精神支柱。

美国管理大师杰克·韦尔奇说："领导者不是某个人坐在马上指挥他的部队，而是通过自己的实干和别人的行动来获得成功的工作目标。因而要把'照我说的做'改成'照我做的做'，这才是优秀的领导者，时刻起到表率作用。"

长期的经验教训证明：身教是密切管理者与员工的粘合剂。管理者的职位越高，身教影响力的涉及面越宽。管理者只有用实际行动，才能让"绳子"动起来。

作为管理者，要牢记这条墨菲定律，无论你所管理的组织规模是大是小，你不仅要想到该做什么，还要带头去做。特别是在组织遇到必须克服的困难时，激励员工最好的方法，或者说是最能鼓舞人心的方法，就是管理者带头去做。

> **墨菲定律启悟**
>
> 没什么比看到老板老老实实的干一天活更能激励员工的了。

对一个不需要自己做的人来说，没有什么不可能

生活中，很多人喜欢对别人说"没有什么不可能"，很励志的样子。但稍加分析你会发现，听到这话的人往往很不以为然，因为很

多事情都是说起来容易做起来难，不需要自己做的事，说起来当然轻松。

在管理领域，这种墨菲定律也普遍存在。不少管理者总是把自己做的事情看得很难，而把下属做的事情看得很容易，给下属"站着说话不腰疼"的感觉。所以，很多下属常常在背地甚至当面说："你倒自己试试看！"

这句话在绝大多数情况下，表达的都是对管理者感到失望的迹象，是对上司只说不做的失望。身为管理者，不见得他们会样样工作中都做到最好，或者把他们的水平当作标准，至少，他应当切实体谅到工作的难度，并且拥有与大家共同作战的决心。

如果作为管理者，你把难以解决的工作推给员工，也不管其能否胜任，都一概不管。这种做法，必然会给手下做具体工作的员工造成困惑或麻烦，引起员工的不满。

从某种意义上说，谁都感到惧怕的工作应该由你亲自出面处理，这应该成为管理者的一个准则。因为不这样做就不能体现你的实力，不能维系同员工的信赖关系。也许，诸如此类的工作，确实不能称为重要的。然而，在给大家心里带来不良影响这一点上，就成为非常重要的问题了。

大声地说上一句："你们干不了的，让我来！"那种气魄，定会让员工刮目相看。另一方面，这种影响是潜移默化的，在无形之中使员工受到"此处无声胜有声"式教育的极好管理智慧，它可以有助于你在你所管理的团队中建立起一种相互关照、遇事互不推诿的良好工作氛围。

级别越高的人，说话速度越慢

领导，就是众人之首。要起到领导作用，你就得拥有良好的个人形象。领导的工作运作过程，大部分是以语言为媒介的，试想一下，如果一位领导连下达命令、布置工作都表述不清，啰嗦半天却分不清主次，拎不到重点，那么他的领导形象从何而来？这不仅会让人觉得你没有水平，还会有失你的身份，严重的话还会导致你的位置不保。

所以，大凡领导，级别越高，越注重说话对自己形象的影响，因而说话速度也就越慢。

领导说的话不管是否经过深思熟虑，都可能对自己的形象产生大的影响。有时一句不经意的话，往往会带来不小的麻烦，造成无法预料的后果。领导说话需要有一定的限度、分寸，不能脱离这个限度随心所欲去阐述、说明、表现个人的观点。

而如果语速慢下来了，自然可以增加思考的时间，不仅能避免出错，还可以增强语言的感染力与说服力。

美国心理学家研究证明，语速快看似更有可信度，但并不一定更有说服力。比如，说得太快，听的人就会跟不上，理解不了，自然也就无法被说服。心理学家在研究语速对说服力的影响时发现，语速为195字/分钟时说服力更强。

综上所述，久而久之，级别高的人说话严谨，随之语速也会适当地慢了下来。所以墨菲定律才有这样的结论。

一颗将爆的炸弹比一颗已爆的炸弹恐怖得多

墨菲定律认为，如果你想要受人尊敬，你就不应该让任何人了解你的底牌（或者说是深度）。如果人们无法知晓一条河流的确切深度，就会对这条河流产生一种敬畏之情。

一个人的深浅不为他人所知晓，他就会一直受到人们的尊敬。小心翼翼地保持一种深藏不露的状态，可以维护你在他人心目中的声望。

不急于表态可让人揣测不已。你越是大事张扬、暴跳如雷，下属就越不怕你；相反你越是默不作声、含而不露，下属就越是对你毕恭毕敬。

谨慎的沉默乃是精明之人庇护之所。心中一有事情就全力张扬，不会得到尊重，还会招来评头论足。

约翰是一家公司的经理，脾气相当暴躁，经常在办公室大发雷霆，动辄扬言要把某某开掉，一开始大家都挺害怕，于是做事便都很小心谨慎。但后来大家渐渐发现

发脾气只不过是他的"日常工作习惯"而已，并不能产生什么实质性的变革，于是大家便继续我行我素。约翰看到这种没把他放在眼里的情形，于是便恼羞成怒发更大的脾气。就这样，大家渐渐地都已经习以为常了，感觉这位经理发一发脾气只不过是为了彰显他的地位，并没有实际性的意义。真正的哪一天他不发脾气了，大家反倒感觉很奇异。

所以，作为管理者，要记住这条墨菲定律，平时不要第一次就用尽自己的全力。真正聪明的管理者从来不轻易让下属看出他的底牌，让别人猜测他会不会发火，要比一开始就发威而且一成不变更有效，自己也更能获得尊重。

墨菲定律启悟

平静的海水往往比波澜壮阔的海水更为可怕。

遇到难题就交给懒人，他会想出简单的处理办法

遇到难以解决的问题，管理者无疑需要亲自解决来显示自己的实力，提高自己的威望，但你不可能有精力和能力解决所有的难题。

领导的实质其实就是通过别人把事情办妥。如果你想提高整个组织的效能，就必须向下属授权，借助众人的智慧和能力来完成组织目标。

这条墨菲定律就是用调侃的方式说授权的问题，不过，把难题交给懒人确实是一个办法，因为懒人最大的特长就是：用尽可能简单的

办法把问题解决掉。

　　想想也是，人类社会的发展，其实就是一个人类不断变懒的过程。因为懒得走路，于是发明了汽车；因为懒得坐长途车，梦想着快速到达，于是飞机应运而生；因为懒得洗衣和做饭，于是就有了洗衣机和洗碗机；因为懒得跑大老远与人交流，于是电话、网络就出现在人们的生活之中；因为懒得出去看电影，于是就有了电视；还是因为懒，遥控器也被发明出来……

　　可以这样说，没有想要偷懒的想法，人类的生活就不会像现在这样丰富多彩。

　　所以，管理者在遇到难题时不妨把它交给懒人，说不定Ta真的能想出简单的办法，甚至搞出什么发明创造来呢。

　　当然，这里所说的"懒人"，不是指那些无所事事、浑浑噩噩混日子的懒汉，而是指"有创意的懒惰"，指懂得动脑筋"多快好省"地把问题处理好的人。

> **墨菲定律启悟**
>
> 遇有疑难的时候，说话可以含糊；
> 遇有困难的时候，尽管授权别人。

工作应该更精明，而不是更辛勤

　　什么叫管理者？通俗的说法是："管理者就是自己不干事，让别人拼命干事的人。"一个管理者面对错综复杂的形势和千头万绪的工作,更不能包办一切,事事自为。所以,墨菲定律建议管理者要适当"懒"一点。

在一个群体中,从"工作"的角度,人可以分做四类:一类是聪明而懒惰的人。这种人可以做"元帅",发挥才智,运筹帷幄,将兵将将,指引方向;一类是机智而勤快的人。这种人可以做"先锋",冲锋陷阵,摧城拔寨,战无不胜,攻无不克;一类是笨拙而懒惰的人。这种人可以做"工兵",程序操作,兢兢业业,时有懈怠,需要鞭策;一类是愚蠢而勤快的人。这种人什么也做不成,自以为是,自诩高明,喜欢表演,能力一般,逢事便做,一做就错。

管理者应该是元帅,是将军。所以,你应该是一个"聪明而懒惰的人",应该学会更精明地工作,而不是更"辛勤"地工作。

既然你是一名将军,就应该做属于将军的事。一个高效率的管理者应该把精力集中到少数最重要的工作中去。人的精力有限,只有集中精力,才可能真正有所作为,才可能出有价值的成果,所以不应被次要问题分散精力。管理者必须尽量放权,以腾出时间去做真正应做的工作,即组织工作和设想未来。

杰克·韦尔奇说:"有人告诉我,他一周工作90个小时以上。我对他说:'你完全错了!请写下20件每周让你忙碌90个小时的工作,然后进行仔细的审视,你将会发现,其中至少有10项工作是没有意义或可以请人代劳的。'开诚布公地说,我就特别反感形式主义。有的企业领导赞美'勤奋'而漠视'效率',追求'数量'而不问'收益'。'勤奋'对于成功是必要的,但它只有在'做正确的事'与'必须亲自操作'时才有正面意义。我们不妨在'勤奋'之前先问问自己:这件事是必须要做的吗?是必须由我来做的吗?"

那些事必躬亲的管理者往往会有这样的想法：我应该主动深入到工作当中去而不应该坐等问题的发生；或者应当向下属们表示出自己不是一个爱摆架子或者高高在上的领导。这些想法确实值得肯定，但这毕竟是提升自我形象的一种手段，而不是让你什么事都亲历亲为，因为包揽一切不仅没有任何好处，还会让管理者付出很大的代价。

> **墨菲定律启悟**
>
> 一个累坏了的管理者，是一个最差劲的管理者。

授权，对领导来说，是智力和能力的延伸，可以集中精力做重要的事；对员工来说，是提高责任感、实现价值的有效方式。因此，管理者要注重授权，让下属承担自己分内的一部分工作，借用"分身术"达到总揽全局、筹划未来的目的。

人人有责，就是没有谁有责

一个人得到某种权力，他就要承担一种相应的责任。授权和授责如同硬币的两个面，相辅相成，缺一不可。授权就如同放风筝，放能使风筝飞得高，收能使风筝不至于飞走，这个"收"就是授责，就是风筝线。如果没有"线"的约束，想让风筝朝着你设定的方向飞，简直是不可能的。

在工作中，责任是贯穿在整个过程中的，责任划分是起点，责任承担是过程，责任完成是结果。如果没有把责任锁定，没有明确的责任追究，那么一切都只是空谈而已。只有责任真正落实到每个岗位上，落实到每个人身上，才能真正确保工作高效，执行到位。

责任必须一对一，每件事的责任都必须落实到具体的某个人头上。如果只强调"人人有责"，很可能如墨菲定律所说的导致无人负责。

管理学上有一个责任稀释定律是这条墨菲定律的绝佳诠释：责任在人多的环境中，就会像化学溶剂一样会被稀释，人越多，人责任感就越淡薄。对某一件事来说，如果是单个个体被要求单独完成任务，责任感就会很强，会作出积极的反应。但如果是要求一个群体共同完成任务，群体中的每个个体的责任感就会很弱，面对困难或遇到责任往往会退缩。"责任稀释"的实质就是人多不负责，责任不落实。

中国有一则"三个和尚没水喝"的故事，为什么会这样？原因很简单。只有一个和尚时，由于没有逃避的可能性，为了生存只有自己去挑水；当出现两个和尚时，人的惰性和想占便宜的动机就有了推卸责任的空间；而出现三个和尚时，每个人会更希望别人去负责，而自己可以无偿享受成果。

在西方，也有类似三个和尚的故事，不过不是三个人，而是四个人。这四个人是：每个人，某些人，任何人和没有人。当有一项重要任务要完成，让"每个人"完成，"每个人"会认为"某些人"会做，"任何人"都可能做了，但是"没有人"做了。"某些人"生气了，因为这本来应是"每个人"的事情，"每个人"认为"任何人"都会做做，但是"没有人"意识到"每个人"不可能做到，最后，当"没有人"能做"任何人"可做的事情时，"每个人"就会指责"某些人"。

很多管理者都是这种责任稀释现象的受害者。他们想当然地以为，一件事情越重要越紧急，就会有越多的人来处理，因此习惯于向大家不停地说明这项工作有多么多么的重要，要大家重视。不幸的是，每个人都知道事情很重要，但是没有人会主动承担这个没有指向"我"的责任。

"人人有责"本来是强调某件事情的重要性，需要大家都能承担起责任。但正因为这是大家的责任，而不是某一个人的责任，所以人人都认为"我不做，其他人也会做"。在这种心理的支配下，很多属于"人人"的工作没人干了。而且，在"人人有责"的幌子下，本应由个人承担的责任被淡化了，出了错，一句"人人有责"让人不知该找谁负责，"人人有责"变成了"人人无责"。

在任何组织中，每一个工作目标都是具体的，分解到每一个岗位、每一个责任人的责任也都应是具体的，这样便可避免疏忽和懈怠责任的现象。所以管理者千万别认为人越多，问题越容易被解决掉。问题只有分解到个人，形成一对一的责任，才会被解决。

听之任之的话，事情一般不会向好的方向发展

如果授权了，责任也划分清楚了，员工们是不是就能不折不扣地执行了呢？如果你不管不问，只是坐在办公室等汇报，最后你会发现，墨菲先生出现了：很多事情没有被落实，甚至根本没有执行。

人，都是有一些的惰性的。当身边缺少监控的时候，或多或少都会有所懈怠。不可避免地，有些员工对工作就会拖拖拉拉，如果管理者不对工作情况进行跟进，势必会影响工作的进度。

不可否认，在现实中，有一部分员工能够自觉、主动地去完成分

内甚至是分外的工作，并不需要时刻跟进督促。但同时，管理者也应该清醒地意识到，更多的员工没那么高的觉悟，因此，管理者切不可想当然地认为所有的员工都会自动自发去完成各自的工作。

的确，管理者进行授权，就应该放手让他们对各自职权范围内的事进行决策和处理，只有当下属不协调或发生矛盾时，管理者才需要出面解决。但授权以后管理者必须跟进检查，以确保被授权的任务在正确轨道上运行。如果管理者授权是图省事，享清闲，自己当"甩手掌柜"，撒手不管，任其自流，那就会像墨菲定律说的，情况不仅很难朝好的方向发展，还会每况愈下。

成功的授权并非在交代完下属工作任务的时候便结束了，还需要定时追踪下属的工作进度，给予下属应得的赞赏与具有建设性的反馈，并且不时表示出关心，必要时提供下属需要的协助和指导。管理者可以和下属一起设定任务的不同阶段应该完成的期限、评估工作成果的标准、双方定期碰面讨论的时间及项目等，并且确定执行这些追踪检讨。即使定期的会面只是短短的 10 分钟，管理者与下属也可以一起检查当初所设定的目标，预防可能出现的问题。

> **墨菲定律启悟**
>
> 大凡事物，听其自然，就会每况愈下。

跟进是授权过程中的关键。要想让授权的工作执行到位，每次授权都应该建立一个跟进计划，这样才会得到规律性的信息，每天、每周、每月或者其他适当的时间，了解被授权任务的执行情况。从这些跟进中得来的信息，可以使你知道工作进展顺利，还是需要重新调整，以便选择适当的时候介入，使其重上正轨。

|墨|菲|定|律|启|示|录|

事故的发生，往往都是经不起检查的

IBM公司前CEO郭士纳曾说：或许我所见过的在工作方面犯下的最大的错误，就是把希望和检查混为一谈。太多的管理者并不知道，人们只会做你检查的事情，而不会去做你希望的事情。"

韦尔奇也曾感慨道：到现在为止，还有许多领导以为员工对他讲的什么感兴趣，其实员工只对领导检查什么感兴趣。

的确，人的思维中总是有惰性成分的。要使惰性变为勤快，就要教育培养，就要检查奖惩。如果管理者不对工作情况进行检查，问题会越来越多，墨菲定律就会显灵，直到发生重大事故。

> **墨菲定律启悟**
> 一旦破例，下一次就变成理所当然。

巴西海顺远洋运输公司曾经有一艘引以为豪的海轮，名叫"环大西洋"号，后因一次海难事故而永远沉没于海底。

当巴西海顺远洋运输公司的救援船到达出事地点时，21名船员连同"环大西洋"号全部消失了。海面上风平浪静，只有救生电台继续拍发着求救电波。救援人员无法想像这片海况极好的海域究竟发生了什么，造成这条最先进的海轮沉没。

这时，有人发现电台下绑着一个密封的瓶子。瓶子里面有一张纸条，纸条上的文字由全船21名船员的不同笔迹写成。看完这张绝笔纸条，专家推断出了这个灾难的形成过程：

一个工作人员违规私买台灯回船后，没有任何人制止，同事找他时又把台灯随手打开。负责安全巡回检查的人又忽视了检查他的房间。事实上，台灯底座太轻，亮着的台灯在颠簸中落地，引起电火花，在地毯上产生了火苗。火苗沿着桌腿、桌布、床单蔓延，最后导致电路跳闸，电工却对这个重大的危险信号习以为常，随手把闸合上。因为房间里的消防探头被拆掉了，新的尚未安装，所以无法报警，火苗静悄悄地肆虐着。焦糊的气味传了出来，有人闻到了，就直接打电话给厨房，厨房觉得没问题，却没有一个人追究焦糊气味从何而来。下午几乎所有的工作人员都离开了岗位，去了厨房；晚上，巡检员放弃了日常的巡检，也放弃了发现问题的一个机会，就连值班的电工也私自离岗！最后，当大火被发现，着火的房间已经被烧穿，水手区的门被绑死了，怎么也进不去，消防栓锈蚀打不开，无法灭火，闭门器和救生筏被牢牢绑住，无法逃生。而这些问题船长在此前根本没有发现，因为他没有看甲板部和轮机部的安全检查报告。

这是一起由多个微小失误叠加而成的责任事故。为了使公司员工永远记住那段伤心的往事，避免同类事故再次发生，该公司门前至今仍树立着一块5m×2m的石碑，上面刻着那段令人悲痛而又发人深省的事故。

冰冻三尺非一日之寒。事物的突变往往就是在人们不知不觉的渐变中发生的。我们也知道著名的海恩法则：29次轻微事故、300起未遂先兆以及1000起事故隐患，之后必然导致1起严重事故的发生。事件的发生是量的积累，那些轻微问题、未遂先兆和事故隐患只要稍加留意就可发现。但若不及时检查和处理，事故与损失就不可避免。

现实中，有的单位存在着许多危及安全的"小违章"、"小毛病"、"小疏忽"等不起眼的现象，有时大家明知不符合规定，却心存侥幸，认为几次小错没什么大不了，不会对安全造成威胁。然而每起事故，不发生则已，一发生，则往往都是经不起检查的。只要一认真检查，问题必然不止一个，而是"成堆"。

所以，管理者一定要重视日常检查。检查是一堵"防火墙"，不检查、不奖惩，就难以保证各项规章制度的有效落实，最终酿成大事故。

人们对损失的关注程度大大超过收益

在严格检查的基础上，必须要落实奖惩。如果干得不好没有惩罚，员工自然没有顾忌，相应的，各种规章制度就无法落到实处，这个组织自然就慢慢陷入混乱之中，受到墨菲定律的惩罚。

惩罚有其独特的作用，其效能是正向奖励不能替代的。

惩罚意味着物质损失、精神损失、名誉损失，从而使人更加重视规章制度并把它当作一条"止步线"，时刻提醒自己不要去触犯。它还有杀一儆百的作用，使其他员工对规章制度产生真正的敬意和严肃态度，从而提高以后自我行为的约束和管理。在时间的潜移默化下，员工就会自觉不自觉地接受规章制度的约束。

诺贝尔经济学奖获得者、心理学家卡尼曼

> **墨菲定律启悟**
> 惩罚能有效节约激励成本，所以企业都在用，而且大都以惩罚为主。

的研究表明，人在不确定条件下的决策，取决于结果与设想的差距而不是结果本身，也就是说，人们总是会以自己的视角或参考标准来衡量，以此来决定决策的取舍，而且一旦超过某个"参照点"，人们对同样数量的损失和赢利感受是不相同的。在这个"参照点"附近，一定数量的损失所引起的价值损害（负效用）要大于同样数量的赢利所带来的价值满足。简单地说，就是丢掉10元钱所带来的不愉快感受要比捡到10元钱所带来的愉悦感受强烈得多。卡尼曼认为，在可以计算的情况下，人们对损失的东西的价值估计高出得到相同东西的价值的两倍。

根据这一点，管理者可适当采取惩罚的措施来减少个体的既得利益。因为这时人们对意外损失的关注程度大大超过意外收益，所以组织可以在不花费成本的前提下实现更为有效的管理效果。

我们常会奖励那些错误的人和事

由于能节约激励成本，有些企业处罚的规定比奖励的规定多，即使规定的多，在具体实施的过程中也往往偏向于罚多奖少，甚至只罚不奖。

在一些管理者心中，管理就意味着要看管和处罚。实际上，对员工的引导应该是双向的，不能只注重负面激励，而忽视正面引导。如果只用鞭子，员工时刻胆战心惊，其积极性就会受到打击，甚至出现抵触情绪。因此，企业应合理运用奖励手段，使员工变"要我做"为"我要做"。

有时，处罚甚至是没有用的。

有个年轻人养了一只狗，一天他发现狗在屋里撒尿，于是将狗痛揍一顿，然后从窗子扔了出去。第二天，年轻人再次发现狗在屋里撒尿，不同的是在撒完以后狗自觉地从窗户跳了出去。

有时候，奖励比惩罚更有效，就像故事里的狗，惩罚并没有让它不在屋里撒尿；而如果把狗带到室外草坪撒尿，每次奖励一根肉骨头，主人的目的就能达到。

但是，奖励也是有学问的，奖励是对"好的行为"的强化，因此，它必须紧紧围绕清晰的目标，将这个目标通过奖励清晰地传递给对方，让对方明白你提倡什么，不提倡什么。

有这么一个故事：

一个渔夫看到船边有一条蛇，口中正衔着一只青蛙。看到垂死挣扎的青蛙，渔夫觉得它很可怜，便动了恻隐之心，把青蛙从蛇的口中救了出来。但随后，渔夫又开始为那条蛇将要挨饿而感到难过。因为没有什么吃的东西，他便拿出一瓶酒往蛇的口中滴了几滴。

蛇喝了酒后高兴地游走了，青蛙也为重获新生而高兴，渔夫则为自己的善举而感到快乐。渔夫认为这是一个皆大欢喜的结果。

但没多久，渔夫就听到有东西在叩击他的船板。他低头一看，几乎不敢相信自己的眼睛，他看见那条蛇又回来了，

墨菲定律启悟

任何人都只会做那些他们认为有利可图的事。

而且嘴里咬着两只青蛙——它在等待渔夫给予酒的奖赏！

渔夫的本意是希望蛇不要再去捉青蛙，但结果事与愿违。

从这则寓言故事中，我们至少可以得到这样两个启示：一是你的奖励会产生效果，这一效果并不是由你自己的主观意愿所决定的，它仅与奖励本身有关系，人们的行为总是朝着他们认为对自己最有利的方向发展。二是我们容易掉入奖励的陷阱，常常奖励了不该奖励的行为。

在嘲笑渔夫愚昧之余，我们会发现在管理实践中有着太多的类似例子——期望得到 A 却奖励了 B，例如：期望建立以结果为导向的机制，奖励的时候却又因为某人"没有功劳也有苦劳"而给予奖励；期望提高效率，却又奖励看起来最忙、工作时间最长的人；期望增强团队意识，却只奖励业绩突出的员工；期望创新，却惩罚未能实现的创意，奖励墨守成规的人……

墨菲定律认为，如果希望员工做出某种行为，就不能只停留在思维上，而要对这种行为做出诱导性的行动——奖励这种行为，才会得到所希望的结果。否则，往往适得其反。

所以在奖励之前，管理者最好可以虚拟一下奖励后的结果，从结果中来判别，这种奖励是否合适，奖励额度是否合理。

有一块表时能确定时间，有两块的话就难办了

无论奖惩制度还是其他的工作标准，应该用统一而不是相互矛盾的标准，否则，很容易让人产生疑惑，并遭到墨菲先生的捉弄。

有这样一则管理寓言：

森林里生活着一群猴子，每天太阳升起的时候它们外出觅食，太阳落山的时候回去休息，日子过得平淡而幸福。

有一天，一名游客在穿越森林时，把手表落在了树下的岩石上，被猴子"猛可"捡到了。聪明的"猛可"很快就搞清了手表的用途。于是，"猛可"成了整个猴群的明星，每只猴子都渐渐习惯向"猛可"请教确切的时间，尤其是阴雨天的时候。整个猴群的作息时间也由"猛可"来决定。"猛可"逐渐建立起自己的威望，后来当上了猴王。

做了猴王的"猛可"认识到手表给自己带来了机遇与好运，于是它每天努力在森林里寻找，希望能够捡到更多的手表。工夫不负"有心猴"，"猛可"果然相继又得到了第二块手表。

但出乎"猛可"的意料，得到了两块手表却有了麻烦。因为每块手表的时间显示都不尽相同，哪块手表上显示的时间是确切的呢？"猛可"被这个问题难住了。群猴也发现，每当有猴子来询问时间时，"猛可"总是支支吾吾回答不上来，整个猴群的作息时间也因此变得一塌糊涂。"猛可"的威望大降，不久便被推下猴王宝座。"猛可"的收藏品也被新任猴王据为己有。但很快，新任猴王同样面临着"猛可"的困惑。

只有一块手表时，可以知道时间；拥有两块手表时却不能告诉人们准确时间，反而会让看表的人失去对准确时间的信心而无所适从。这就是著名的"手表定律"。

当一个人无法判别哪一块表的时间准确的时候，他将陷入困惑；两种标准同时存在，那么，组织成员也会陷入困惑。所以，在同一个时区，一定只有一个时间是正确的，在同一个组织，同一个时期，也只能有一个标准，否则大家就会陷入两难选择。

因此，一个企业不应该出台两个相互矛盾的标准，除非它是处于制度标准制定前期，或征求意见阶段。就像拿出两块表比较一下，需要验证哪一块表的时间更准确，制度标准也需要比较验证，看是否合理、准确、实用，最后留下的一定是一套制度或标准。常规情况下是不会有两种标准同时存在的。这就如同只有一块表，即使显示的时间是错的，你也只能按这个时间做事。但如果给你两块表，时间又不一样，你就无法确定哪一块是正确的时间了。

若你能找到所有人都同意的事，这事一定是错的

从墨菲定律中我们知道，无论是谁，每个人都会犯错，也都会过时，由昨日的先锋、权威成为今日的不合时宜。这并不可怕，可怕的是仍以昨日的感觉坐在位子上发号施令。越是有经验的管理者，越会犯下大错。解决这种可怕情形的办法即是虚心地听取下属的相反意见并予以改正。这是一个优秀的管理者必须具备的素质。

管理者和员工在工作中不可能意见总是完全统一，一个没有反对声音出现的团队是不正常的，这通常并不代表管

> **墨菲定律启悟**
>
> 所有的人都站在一边并不一定是好事，譬如他们都站在船的一边。

理者方案或整个工作完美无缺，很可能恰恰是因为管理者不能广开言路，虚心听取来自不同方面的不同声音，久而久之，员工们即使有反对意见，也懒得提出了。

所以，应该尽量鼓励员工发表不同的意见。首先你必须放弃自信的语气和神态，多用疑问句，少用肯定句。不要让下属觉得你已成竹在胸，说出来只不过是形式而已，真主意其实早就定了。其次是挑选一些薄弱环节暴露给下属看，把自己设想过程中所遇到的难点告诉下属，引导别人提出不同意见。

在大多数情况下，员工们不愿开诚布公地发表自己的言论，而是把自己的想法和评论保留起来，只是因为不想受伤害。所以，要想听到不同的声音，那么首先管理者要有民主作风，并且要保证说出不同意见的人绝对不会受到任何伤害。

此外就是一些传统的管理手段和观念，也往往导致创新意识被压制和扼杀。例如，在开讨论会时，多半是由主持者在会议开始时率先发言，定下了讨论的调子。大家的思维一旦被限定，创新就无从谈起。特别是在主持者的权威性较高的情况下，与会者不愿意当面提出不同意见，发表的言论自然流于应付。若该团体中权威人士较多，与会者选择发言内容将更加谨慎，以避免失误，免得难堪。甚至有研究者给出这样的结论——参会的人数越多，讲假话、套话的几率越大。

要改变这种状况，必须培养自己的民主作风，并营造民主氛围，让领导与员工之间形成信任的关系，打消团体内部的拘谨，让员工多提新思路，大胆说真话，同时还要批判说假话取悦领导的行为，以起到警示的作用。在开讨论会时候，注意领导艺术的运用，在提建议的阶段严禁批判或反对别人的观点，以保证提案的数量。在例行的考核方面，对提出有价值的新思路和项目的人给予奖励，用物质手段来激发员工的创新。

管理者除了倾听零散的意见和建议外，还可以建立员工参与管理的机制，为他们提供献计献策的机会。

只要别在过河之前拆桥，就能避免许多不必要的麻烦

做人不能过河拆桥，但做企业却需要过河拆桥。只是，墨菲定律认为，拆桥要等到过河以后，因为没过河时正是用人之际，此时拆桥不仅使自己无法过河，大伙也会怨恨你不让他们过河，并骂你愚蠢。

但过河之后就不同了，为了企业的发展，必须把桥拆掉。留着桥不拆，企业就有可能原地踏步，或者走回头路。而残酷的市场竞争哪还容得企业原地踏步乃至回头呢？

吐故纳新的道理，煮青蛙的警示，许多老板都明白，因此在创业成功后都开始有意无意地拆桥。

企业创业成功后，如果不及时拆桥，老功臣将会对企业的发展形成极大的阻碍。他们自以为功劳大、资历深，就可以倚老卖老、独来独往、我行我素，不把公司的规章制度当回事、不把上司的命令放在眼里，搞个人英雄主义，甚至贪污腐败、损公肥私。等到问题积累到一定程度，双方矛盾激化时，彼此就会反目成仇。这时老板就不得不下狠心开掉这些老功臣。

但老功臣犹如树之根基，由于"年代久远"，"渗透力"强，因此，企业当审慎对待这些甚至能够"呼风唤雨"的元老们，操之过

急,盲目"杀戮",就有可能给企业带来灾难,甚至有可能让企业快速陨落。因为没有策略地对待创业元老,导致"集体出走",而"掏空"企业,以致企业陷入"万劫不复"境地的例子,比比皆是,因此,企业当慎重对待这些"封疆大吏"们,要有策略、有步骤、因人而异、因地制宜地来解决和处理。

1. 明升暗降

巧妙地让这些老功臣升职,借机让其脱离具体的事务,在满足其虚荣心的同时,不动声色地"缴他的械",缺陷是企业要支付较高一些的工资。当然,也可以通过增加企业战略顾问等职位,给予一定股份,但不参与企业的具体事务,从而避免内讧的风险。

2. 增加副职

副职除了协助正职做好工作外,还有一个最重要的作用就是未雨绸缪,防患于未然,通过设置副职,可以强化其危机感,同时,也不至于因为正职突然出现状况而影响整个大局。

3. 釜底抽薪

一些老功臣的资本是掌握着公司的重点客户,针对这一点,公司可加强与重点客户的联系。方式有很多,如召开商家联谊会,重点客户登门上访;利用各种机会,如客户的纪念日、客户重要管理人员的生日等加强和他们的沟通和联谊。一家进行人事改革的公司就是利用周年庆的契机,召开"庆华诞、迎元旦,拥新年、谢伙伴"的商家联谊会,由总经理率领一些将接手客户资源的人员,开始和重点客户认识并加强感情联络。在随后的几天,总经理就安排老功臣出差,而他自己和接班人则对一些重点客户进行了拜访。

总之,面对老功臣这个棘手的问题,企业一定要慎重对待,合理而巧妙地解决问题。如果他们并没有功臣常见的那些毛病,企业也不必架空或赶走他们,不妨适当调整岗位,让他们为企业过下一条河做贡献。

第九章　墨菲定律之九：

妄想好事，会成为别人的赚钱工具

你不理财，财也理你；你理财了，财也未必理你

谈及理财，很多人包括做投资理财的人出口便是"你不理财，财不理你"。这句话非常形象，也非常简洁，直接告诉你不理财的后果。当然，这种说法也很有道理。谁都知道，天上是不会自动掉馅饼的。

但是，这句话并不完全正确。

你不理财，财就一定不理你吗？显然，没有绝对的答案。比如，一些人，在某一领域不断积累，达到一定的知名度后，财富就源源而来。典型的例子，像不少明星、名人，成名前不名一文，窜红后赚得钱都是天文数字，而Ta们根本不懂什么理财，只要把自己擅长的事情做好就行了。

如此说来，"你不理财，财不理你"真不一定成立。那反过来看，如果你理财了，财就一定会理你吗？其实也未必。

墨菲定律告诉我们，如果某件事有可能变坏的话，这种可能就会变成现实。理财有可能使财富增加，也有可能使财富减少。特别是对那些不懂理财和心态不好的人来说，很容易受到墨菲定律的捉弄。

据报道，很多台湾人发现，"不理财还好，越理反而越少"。这主要是因为，不少台湾投

> **墨菲定律启悟**
>
> 我们需要管理的，其实是我们的欲望，而不是我们的财产。

资者过于激进，将所有的金钱、时间用在投资理财上，只为达成一夕致富的目标；然而，统计结果表明，只有不到10%的投资者能幸运地一圆美梦。

理财不是上街买白菜，是很专业的事。对于有着正当职业而又不懂理财的人来说，只拥有一张活期银行卡并不是什么丢脸的事。如果没有分析图表、研究走势的天赋，又何苦非要为难自己？

要不要理财，不是判断题，而是选择题，要视自己的情况来选择。

当然，你很想理财而自己又不会，也可以请专业的理财规划师帮你——如果你已经富到了这种程度的话。但你仍然要牢记墨菲定律，注意控制理财过程中的风险。

你很难靠存钱发财

如果你懒得理财或不懂理财，自然可以选择不理财；但如果你有理财的能力和兴趣，那就不要把钱全部存到银行。因为靠存钱发财是没有指望的。

墨菲定律提示我们：任何事都没有表面看起来那么简单。把钱存银行表面上看能得到利息，实际上你并没有占到便宜，有时甚至还吃亏了。

银行的首要功能是社会性的，银行是聚集社会闲散资金的场所。通过聚集这些社会上的零星资金，积少成多。你存到银行的钱虽然还是这个数，但是经过整合，它的功能（注意不是它的价值）越放越大，它的作用由贷款利息来补偿，而存款人得到的仅是存款利息，显然后者低于前者。

从现在开始，如果你能够每年存下 1.4 万美元，如果你每年存下的钱都能投资到某个项目上，并获得每年平均 20% 的投资利润率，如此持续 40 年后，你能积累多少财富呢？

一般人计算出来的金额，多数在 200～800 万美元，最多的也不会超过 1000 万美元。然而依照财务学计算复利的公式，正确的答案应该是 1.028 亿美元，一个众人不敢想像的数额。

这意味着，一个 20 岁的上班族，如果依照这种方式进行投资创业，到 60 岁时，就能成为亿万富翁了。

而按同样的数额把钱存进银行，按照平均 5% 的年利率，40 年后你仅可以积累 169 万美元。与投资利润相比，两者收益竟相差 60 多倍。更何况，货币价值还有一个隐形杀手——通货膨胀。

钱，是不是一点都不要存银行呢？当然不是！不要把大钱存入银行，小钱还是要放一点的，以方便日常生活之用。现代银行各地联网，随用随取，的确是我们存放日常生活所需流动资金的好地方。

穷人把钱存入银行，是在补贴富人

墨菲定律发生的那些倒霉事，原本不在人们的欲求范围内，但偏偏事与愿违地发生着，比如，穷人常常不喜欢富人，甚至仇视富人，

第九章 墨菲定律之九：妄想好事，会成为别人的赚钱工具

但他们却把自己辛辛苦苦挣来的钱补贴富人。

我们知道，在经济增长条件下，货币增发是不可避免的。在通货膨胀无法回避的现代社会，银行的存款利率根本无法弥补通货膨胀的杀伤力，存在银行的钱，看上去越来越多，实质上是泡沫成分多，愈存愈少。

财富是如何在货币增发过程中缩水的呢？

打个比方来说，假如社会上有一万个人，每个人有10美元钱，还有10万件商品。这样每件商品的价格是一美元。每个人都可以拿出他的10美元钱来购买10件商品，整个社会非常公平。假设有一年社会财富增加了一倍，变为20万件商品，但是政府增发了30万美元货币。也就是说，到年底的时候，社会上会有20万件商品，40万美元货币，这样，每件商品的价格就变成了2美元/件。

世行高级副行长、首席经济学家林毅夫曾一针见血地指出，"穷人把钱存入银行，实际上是补贴富人。"

这话一点不错。还以上面的假设为例，第一个拿到这些增发货币的人，他可以以每件商品1美元的价格购买商

> **墨菲定律启悟**
>
> 将资金存入银行，不但发不了财，甚至不能安全保值。

品。他拥有40美元，可以买到40件商品。他后面的人如果拿出40美元，则要以1.1美元的价格来购买商品，只能买到36件商品。再之后就是1.2，1.3，最后一个拿到货币的人，他面对的价格只能是2美元/件。前面这些人拥有比平均数更多的商品，只能以其他人拥有比平均数更少的商品作为代价。

如果可能的话，第一个人还可以贷款1000美元，以1美元/件的价格购买1000件商品。到年底时，以2美元/件的价格卖出去。

1000美元还贷，1000美元作为自己的财富。

可以看出，离这些增发货币越近的人越占便宜，而离这些增发货币越远的人，吃亏越大。

胜率高未必盈利，胜率低未必亏损

很多人以为自己了解墨菲定律，所以尽力远离风险，专挑保险的事做，其实他们可能忘了，世上没有绝对的"保险"，过度追求"保险"，反而成了一种风险。这也是墨菲定律具有哲学性的一种体现。

把钱存银行无疑很保险，但如果你有能力做投资，就需要多一点勇气。太保守，专挑胜率高的事情做，并不一定有利。

举个例子：

假设有两种情况，其一种是给你30美元，然后给你一个机会掷硬币，如果硬币正面朝上，你就赢9美元，否则，你就输9美元，你掷不掷？

其二，给你1美元，然后还用掷硬币来决定：如果正面朝上你可得39美元，加上一美元，共可得40美元；如果反面朝上你可得21美元，但要减去一美元，共可得20美元。你掷不掷？

第一种情况是，获得39美元与获得21美元各有50%的机会，但有关研究发现，第一种情况下，有70%的人愿意赌一赌。因为这种风险不大并且有30美元作"保底"，所以很多人愿意干。而在第二种情况下则只有20%的人愿意，简而言之，当人们认为他们只可得到1美元时，他们就不愿意冒这个风险。

事实上，正是这种保守心理阻止了许多人致富。

保守的人一般比较关注盈利的成功率，而忽视整体的收益，实际上最后的结果不但不能盈利，往往本金还要亏损。举个例子来说明：

假设你在拉斯维加斯的某个赌场里玩老虎机，每局的成本是10美元，一共可以玩10局。如果在第一台老虎机上的获胜概率是60%，在第二台上的获胜概率是40%，那么你会选择哪一台呢？

许多人可能都会不假思索地选择第一台。且慢，前面我们还漏掉了一个非常重要的条件：每赢一次可以得到多少钱？

如果你在第一台机器上赢一次可以获利15美元，在第二台机器上赢一次可以获利30美元，那么事情就发生了变化。10局之后，总成本和总收益如下：

第一台：

总成本 $=10 \times 10=100$ 美元；总收益 $=15 \times 10 \times 60\%=90$ 美元。

第二台：

总成本 $=10 \times 10=100$ 美元；总收益 $=30 \times 10 \times 40\%=120$ 美元。

很明显，在第一台老虎机上，会输掉10美元，而第二台老虎机将让你盈利20美元。

可见，胜率高未必盈利，胜率低未必亏损。所以，在做投资前要算好成本收益账，看看你能在成功的交易中盈利多少？然后，你就能知道，是那些看起来比较保险的事情值得做，还是那些看起来有风险的事情值得做。

> **墨菲定律启悟**
>
> 过于保守，会让许多人只赢得很少的盈利，有时还会导致亏损。

墨|菲|定|律|启|示|录

股票是回报率最高的理财方式，但很少有人赚到钱

尽管短期有一定的风险与波动，股票作为整体却是所有长期投资方式中回报率最高的一种理财方式。尽管这令人难以置信，但却是不争的事实。股票市场总能在每一次崩盘后冲上一个更新的高度。按实际总回报（调整通货膨胀）来看，股票投资的收益要高于债券。

如果你不幸在股市高点，比如历史最高点中的任何一个附近投资了100美元。那么在接下来的10年过后，除去通货膨胀因素后股票市值将达到125美元；而如果你选择投资债券，你最后只能获得107美元；如果是国债，却是99美元。换句话说，股票是长期内表现最好的投资手段，而债券却仅够抵消通货膨胀而已。

所以，即使你在市场的最高点进入，你10年后除去通货膨胀后的收益也比债券或者存款要高。而假如你有幸在市场低点进入股市的话，你的收益将会更高。这就是通过股票进行理财的重要理由。

但是，凡是可能变糟的事情，就会变糟。这条墨菲定律同样适用于股市。股市是一个以争夺利益为核心的博弈场所，一方的胜利常常要以另一方的失败来承担，一方的赢利往往要以另一方的亏损来完成，一方的快乐也多建立在另一方的痛苦之上。博弈的结局是市场参与者输赢比例大致符合1：2：7的游戏规则，即在10个投资者中1人赢利，2人保本，7人亏损。所以，要想真正在股市中实现预期的收益，必须让自己成为胜者，而不是剩下的那9个人。

第九章　墨菲定律之九：妄想好事，会成为别人的赚钱工具

不愿做长线的投资者，常常不得不做长线

"越不想要的结果越会变成现实。"这种倒霉的墨菲定律在股市中比比皆是，一如不想做长线的人最后还是得做长线。

股票成为回报率最高的理财方式是有前提的：你必须是一个长期的投资者，并且跟定了股票。这里所说的长期投资，至少要长达10年以上或更久的时间，这么长的时间足够让崩盘后的股价回复到先前的水准，并且也足够让你的获利呈现倍数成长。

人们总是不断寻寻觅觅找寻打败市场的秘方，但是，这个真理就闪耀在我们眼前：长期拥有一家成绩优异公司的股票。不管那些自认聪明的投资专家怎么说，最重要的是当一个遵守纪律的傻子，紧守着你的股票。当然，你得确定捕捉到的是真正具有长期投资价值的优质公司，这样的公司才是值得投资的。

有股谚曰："长线是金，中线是银，短线是铜"。但是我们看到，很多投资者急于发财，Ta们不想做长线，把股票当成投机而不是投资，总想着一夜暴富。于是，Ta们不断地买进卖出，但又不具备短线操作的技术和心理素质，很容易被套牢，最后被迫成为长线投资者。

> **墨菲定律启悟**
>
> 　　准备出手获利的那一天股票却被停牌。

187

墨菲定律启示录

错错不会得对，一般要错上个三四次才行

由于很多投资者只想赚取短期差价收益，而不去关注股票的长期走势，所以短线投资者大量存在。

但要想把短线做好就得了解市场，具备一定的专业知识。但现实中，有很多人连80%的专用名词、术语及英文缩写都搞不懂，根本看不懂专业的分析及信息，就盲目入市了，结果就被墨菲定律捉弄：买哪只股哪只股跌，卖哪只股哪只股涨；而同一只股票也是刚一买就跌，刚一卖就涨。

于是很多人就想起了数学上的"负负得正"，觉得如果继续错下去，最终也就变成对的了，因为没有一直上涨或下跌的市场，总会有回调或反弹。

如果有谁真这样做了（除非改做长线），墨菲定律会让Ta尝尽苦头。投资市场不是简单的数学运算，错错不会得对，或者错上好几次以后才可能对。

为什么？有两种可能，一是蒙得次数多了，总有对的时候；二是通过之前的错误，吸取教训，认真学习有关的知识，在实践中不断提高

墨菲定律启悟

当你炒股时，你越怕跌，它就偏偏跌给你看；你盼涨，它却偏不涨；你刚忍不住卖了，它却开始涨了；你看好三只股，买进其中的一只，结果除了你手中的那只外，其他两只涨得都很好。

自己的水平。

显然，第二种比较靠谱。

有一句格言说："只因功底不足，终至失败。"这句话可以刻在无数的失败者的墓碑上。有些人虽然很想在股市中赚钱，但由于他们知识不足，因此做起股票来非常吃力，不仅无法实现盈利，还总是亏损。

所以，不论你是一个打算在股市中做一番成就的有志之士，还是已经成为了一个老股民，必须多学习一些与股票相关的专业知识，随时随地都注意钻研股票交易的方法和技巧。如此，你才能拥有属于自己的思路，才能在股市中有长足的发展。

只要一投入资金，久经检验的投资策略就会失效

有的投资者在新入行时还是比较谨慎的，也比较有自知之明，觉得自己不具备交易能力，怕实盘交易会付出高昂的学费，所以就从模拟交易开始，在这个过程中制定自己的投资策略，并反复检验。

很多投资者模拟交易都赚钱，但一投入资金，墨菲定律就产生了作用，原先的投资策略失灵了，不仅赚不到钱，还亏损了不少。

为什么会这样呢？因为模拟交易就是纸上

> **墨菲定律启悟**
>
> 没有任何战斗计划在遇敌后还能有效。

谈兵，它会给你虚假的信心。其实，严格的模拟交易并不是都能赚钱，只是因为很多人都在暗示自己这不是真实的钱，而只是虚拟的，忽略亏损，记住盈利，所以给人一种错觉；而在实际交易中，就会遇到自己意想不到的问题和令人难以接受的结果。

更重要的是，模拟交易与真实交易是完全不同的两码事，它们之间的区别就在于心态上的天壤之别。这正如在游戏机室内玩战争游戏与到真实战场上去打仗一样，前者只是一种纯粹的玩耍心态，既然明知不会真的死掉，也就无所顾忌了。可在真实战场上就没有那么轻松的事情了。

由于模拟交易并不会给操作者带来实际的经济损失，所以就根本不存在心态上的患得患失，敢于放手去做。真实交易就迥然不同了，面对真金白银的增减，几乎没有不患得患失的，贪婪和恐惧两大心魔也就随之附体。

而在投资市场上，心态才是决定输赢的一个最关键因素，知识和技术反倒其次。因此，即便你在模拟交易中有再完美的投资策略，对真实交易的帮助也是非常有限的。

所以，我们不可沉浸在模拟交易的胜利中，更不要因为在模拟交易时很顺利就轻易投入大笔资金进行实战。稳妥的做法是，通过模拟交易积累了一定经验之后，拿出少量资金来真实交易一段时间，并时时谨记墨菲定律，即便有所损失，也是必不可少的学费。

第九章　墨菲定律之九：妄想好事，会成为别人的赚钱工具

规律不容易掌握，一旦掌握了，规律又变了

投资市场是有其规律的，当我们刚进入时，我们会觉得那些规律既多又难，有时甚至很玄。后来随着知识的增长和经验的积累，我们好不容易掌握了一些规律，但操作后发现又弄错了，因为规律又变了。

熟知墨菲定律的人懂得，市场运动永远处于不确定之中，换句话说，市场惟一不变的就是它永远在变。时间越长，不确定性就越大。价格运动的本质具有高度的随机性，其方向只有可能性，没有绝对性。在操作规程中，任何分析和预测其可靠性都是值得怀疑的。在价格运动趋势发生转折之前，主观的判定顶和底既不明智，又风险巨大。

"市场永远是对的，出错的永远是自己。"这句格言是成熟的市场投资者必须时时刻刻牢记的。墨菲定律告诉我们，人类有自身的局限性，任何人的主观愿望都不可能左右这个市场。市场按照它自己的方式，走出的K线构成了客观的历史轨迹。

实践证明，无论怎样严密分析，正如墨菲定律所揭示的那样，出错的可能性仍然存在。预测只能提供事件的可能性，不能提供事件的确定性，分析结论必须

> **墨菲定律启悟**
>
> 投资市场最大的规则就是：市场永远是对的。

由市场印证。不要迷信你的分析,当市场已经证明你错了,你一定要坚决、果断地改正。

不操作,有时就是最好的操作

有不少投资者有暴富的心理,想抓住每一个波段,美其名曰"让资金利用效率最大化"。

的确,我们也能看到,在投资市场中,每天都有机会,这种想法在理论中是行得通的,在理论上运用此法能够赚到1年10倍、20倍的利润,实现财富的快速增值。

但是在实际中,我们却看到这些人频繁地追涨杀跌,不仅很多单子亏了,还亏了很多的手续费,结果,1年下来不仅没有实现10倍、20倍盈利的美好愿望,反而落得个没赚钱甚至亏损的下场。这样,就会被墨菲定律捉弄:心态开始变坏,越坏越乱操作,最后亏损累累,直至暴仓……

有时不操作就是最好的操作。你的投资品种有时候会碰到一个中线的波段,那么在前期建好仓位的情况下就可

> **墨菲定律启悟**
> 一个想在投资市场赢得大利的人,是不应该太勤快的。

以耐心等待,不操作。等到阶段性顶部时再逐步减仓。有时候,行情比较怪异,忽高忽低,你觉得看不懂、很没把握,此时最好也不要操

作，保持镇定，以静制动，等行情走到你能看懂时再操作，宁可错过也不要做错。

耐心是投资者最优秀的心理品质。笑到最后才笑得最好，急躁是投资理财的大忌。急于赚钱和发财心切都是可以理解的，关键是急躁本身于事无补，反而有害。投资的目的就是着眼于未来的收益，投资的含义中就蕴含着时间因素，所以投资需要时间，需要耐心。

不操作也是最难的操作，这段时间是最难"忍"、最考验投资者耐心的"黎明前的黑暗"，但事后往往会发现，当时的"不操作"其实是非常正确的。因为，为了自己今后的"钱途"就一片光明，我们要经得起考验。

先画出曲线，再琢磨怎么解读

墨菲定律一再强调，人的缺陷无法避免。有些人性的弱点甚至可从使我们的思想不受大脑控制。

虽然大家都知道，脑袋是我们人体的控制中心，但是，世间事往

墨菲定律启悟

人本性中的缺陷总是难以避免，比如屁股决定脑袋。

往不能一概而论，比如，人的屁股在很大程度上决定着大脑。也就是说，人的屁股坐在不同的位置，看问题、想事情的角度、观点就往往不同。

比如，当我们步行经过十字路口时，会讨厌那些与我们抢行、按喇叭的汽车，理直气壮地要求限制汽车的自由，保证行人的权利。但是，当我们在开车时，则会指责行人不守规矩乱走导致混乱，要求处罚行人。这就是典型的屁股决定脑袋的思考模式。

同样，在投资理财领域也是如此。我们可以发现，有些被"雇佣"的分析师，帮助相关机构与投资大户操纵市场，通过造谣、诱导等手段达到打压吸纳，拉高出货谋利的目的。他们的分析，可以说就是先画曲线，再解读给大家听的。

其实大部分散户同样是"屁股决定脑袋"。比如，仓位重的投资者希望涨，于是就不自觉地搜集利多信息，自然就得出了上涨的曲线，如果别人反驳的话，再解读。轻仓或空仓的投资者希望跌，还有的投资者观望，也下意识地搜集窄幅震荡或下跌的信息，也得出了相应的曲线，然后解读给别人听。

所以，投资者应该知道怎样客观分析，不要因为自己的仓位而成为死多头或死空头，努力战胜自己，争取做"脑袋决定屁股"的投资者。

你越挣扎，被咬住的就越多

墨菲定律指出，只要有可能出错，迟早都会出错。在投资市场这个充满风险和错误的地方，更是如此。任何一个投资者，如果不重视正确的资金管理、合理的资金风险控制，必然会被无情的市场所

第九章 墨菲定律之九：妄想好事，会成为别人的赚钱工具

吞没。

在风云变幻的股市交易中，理论、理念以及技术固然重要，但有效的资金管理显得更为重要。广大投资者，特别是中小投资者，一定要多一分清醒、多一分理性，把墨菲定律的告诫铭记心中，做好风险控制。

对投资者来说，控制风险的手段有很多，而止损一直是最重要的、也是最终的风险控制手段。

在投资市场中，谁也不能保证每次都能凯旋归来。由于种种原因，任何一个投资者不可能总是正确。一旦市场的运动与我们的预期相反，您的收益由盈转平，再由平转亏，这时要承认失败，及时止损，切忌一味等待解套。要知道，即使是铩羽而归，也比杀头而归、杀身而归要好得多。

许多投资者反对止损，因为"割来割去的，把钱都割光了"。事实上合理地止损往往相当有

> **墨菲定律启悟**
>
> 不充分考虑资金安全管理的重要性，其结果就是：哪怕只有一次失误，都有可能被市场所淘汰。

用和有效，谨慎的自救策略核心在于首先不让亏损继续扩大。投资者常常因为赚钱的诱惑而忽视风险导致不赚反赔，一时被套则可能为了等待解套而导致套牢加深直至万劫不复，他们都忘记了在任何时候保本都是第一位，而赚钱是第二位的道理，因此套牢以后不让亏损扩大到不可收拾的地步比解套更重要。

关于止损的重要性，专业人士常用鳄鱼法则来说明。鳄鱼法则的原意是：假定一只鳄鱼咬住你的脚，如果你用手去试图挣脱你的脚，鳄鱼便会同时咬住你的脚与手。你愈挣扎，就被咬住的越多。所以，万一鳄鱼咬住你的脚，你惟一的机会就是牺牲一只脚。在投资市场里，鳄鱼法则就是：当你发现自己的交易背离了市场的方向，必须立即止

损，不得有任何延误，不得存有任何侥幸。

鳄鱼吃人听起来太残酷，而投资市场同样也是一个残酷的地方，每天都有人被它吞没或黯然消失。

打一个简单的比方：有一个人投入10万美元做股票，当他的资金从10万亏成了9万，亏损率是 $1 \div 10 = 10\%$，他要想从9万恢复到10万需要的盈利率也只是 $1 \div 9 = 11.1\%$。如果他从10万亏成了7.5万美元，亏损率是25%，他要想恢复的盈利率将需要33.3%。如果他从10万亏成了5万，亏损率是50%，他要想恢复的盈利率将需要100%。在市场中，找一只下跌50%的个股不难，而要骑上并坐稳一只上涨100%的黑马，恐怕只能靠运气了。

俗话说得好：留得青山在，不怕没柴烧。止损的意义就是保证你能在市场中长久地生存。甚至可以说：止损＝再生。

江恩说，在股市上有24条永恒的原则，其中第一条就是资本的安全，只有在保障资本安全的情况下才能说到获利。而第二条原则是下止损单。在江恩的理论中最重要的就是止损单的设置，在其所写的书中基本上每一页都出现了"止损单"这三个字，说明了止损单的重要性。同时止损单不仅是保证资本的安全而且能保护自己的利润。

市场绝不在乎我们是不是顺从了它的趋势。有一件事比犯错误更要命，那就是坚持错误。所以，每一个投资者都应该有这样的思想：宁可放弃我们的高见，不要丧失我们的金钱。

有能力及早地纠正自己的错误，其实是一件值得自豪的事。坦然面对错误的止损，不要回避，更不必恐惧，只有这样，才能正常地交易下去，并且最终获利。

银行理财，你一买就已经损失

有的人有点闲钱，但自己又不会做投资理财，看到一些银行宣传的理财产品，甚是诱人，心想：反正钱在银行里存着也是存着，不如交给银行理财。

正如墨菲定律所说，没有任何事情如表面看起来那么简单，无论你购买的银行理财产品最后能不能获得预期的收益，在你购买之初就已损失好几天的收益了。

所有银行理财产品都有一个募集期，募集时间各有不同，但多数在3至7天。如果有个别预期收益率较高的产品发售，基本募集的第一天就已经售罄，投资者只有赶早"抢"。而银行的募集期是不会提前终止的。也就是说，直到募集期结束，才正式开始按照理财产品的预期收益率计算收益。换句话说，投资者购买之初就已经"被损失"了2至6天的收益（只有微薄的活期利息）。

银行理财产品到期后，从产品到期日到理财资金到账日之间，一般还会有几个工作日的时间差，在这段时间，你的理财资金既没有理财收益，也没有活期利息，处于"裸奔"状态。

不要小看前后这段

> **墨菲定律启悟**
>
> 让别人帮你理财，就是别人拿你的钱赚钱，之后分给你点利润。你最后能不能有收益，取决于别人有没有赚到钱，会不会按约定分给你利润。

时间的收益损失，如果将这些损耗折算进购买理财产品的收益中，银行理财产品的预期收益率实际上并没有那么高。

这还算好的，只是少了一些收益，不至于使你的本金减少；而有些银行和机构，说的是帮人们理财，实际上却是"陷阱"。百万资金委托炒股，3年时间内炒得血本无归；账户上的股票被券商经纪人每天买进卖出，市值损失几十万；投资万能险，资金不仅没增值，反而损失了不少；"免费赠股"，交了手续费，最后股票和钱都没了；说得天花乱坠的"绝版珍藏品"，没有什么投资价值……有些是出于恶意，有些则是金融机构在推介时涉嫌虚假陈述，一般不容易识别。

金融产品不像其他消费品，一旦产生"质量"问题，由于举证困难等原因，投资者的损失通常很难挽回。借理财名义频频出现的陷阱有很多，因此，在选择理财产品时，投资者要擦亮眼睛。

第一，要增强风险意识，选择有资格的机构购买理财产品，看清相关合同条款，根据购买能力进行理财。

第二，不做自己不懂的投资，对新型理财产品的期限、费用、风险情况、客户的权益与义务作全面详细的了解，有效保障自己的利益。

第三，永远不要去吃天上掉下来的馅饼，超越市场一般水平的高收益、大牛市的说辞是理财陷阱的主要诱饵。克服贪婪心理、保持合理的收益预期则是保持清醒头脑的最好法宝。

第四，预留备用金，不要把所有的钱都拿去投资理财，必须有一定数目的储蓄，以防范自己或家人可能面临的突发事件。

| 第九章　墨菲定律之九：妄想好事，会成为别人的赚钱工具 |

放在口袋的钱最容易被花光

墨菲定律强调做事要谨慎和周全，如果只想着一面而忽视另一面，就无法达到预想的结果。在理财上，我们一方面要开源，另一方面也要节流。因为高收入不一定意味着富有，那种毫无节制的生活方式，足以把比你富有无数倍的人都送向无底的深渊。

泰森在他二十年的拳击生涯当中至少赚进4亿美元，但在他即将过三十九岁生日时，他竟然负债3800万。虽然他拥有一些资产——豪宅、名车、珠宝——但知情人士估计，这些资产的总值不超过300万美元。

但泰森却不认为自己贫穷。而这也正是他变得如此贫穷的原因之一。钱进来得越快，出去得也就越快。坊间关于他挥霍无度的传闻不胜枚举。泰森花钱雇的人多达两百个，包括保镖、司机、厨师、园丁等。

他另外的花费还包括：

将近450万美元花在汽车及摩托车上。

340万美元花在衣服、珠宝上。

780万美元花在"个人开销"上。

两只白色的孟加拉虎价值14万美元，驯兽师每年薪资要125000美元。

送第一任妻子女星萝苹价值200万美元的浴缸。

花了41万美元举办生日派对。

……

泰森赚钱的速度总也赶不上他挥霍的水平，所以负债累累，成为世人的笑柄，而自己更是饱尝了这个苦果。

事实证明，一些毫无意义的盲目消费，是吞噬我们金钱的黑洞。想要做好理财，你应该有物超所值的观念，或最起码你要懂得什么叫物有所值。

在盲目消费中，最大的一块恐怕就是冲动消费，特别是女性，更为普遍。几乎每个女人的衣柜里都有几件只穿过一次甚至从来没穿出去的衣服，鞋柜里也都有那么几双永远闲置直至扔掉的鞋子。

冲动消费不仅掏空了我们的钱袋，也同时使我们的心灵更加空虚。其中一些购物成瘾的人（如至少每个星期都会进行一次疯狂的大采购，好像受到了强制一样，去买一些根本用不着的东西，事后又感到非常后悔）则需要接受心理咨询与治疗。

墨菲定律说人无法避免犯错，的确，我们每个人都会"犯傻"，都有禁不起诱惑的时候，但不能总是这样。所以，我们要有意识地减少"冲动消费"发生的次数。

墨菲定律启悟

拥有某物会减少对它的价值感，而且是立即的。

詹姆斯·罗恩有言："我们所有人都必须承受两种痛苦：约束的痛苦和悔恨的痛苦。不同之处在于约束之痛非常之轻，而悔恨之痛则苦不堪言"。

约束就是克制自己，针对"冲动消费"，有效的约束方法就是预算，并严格执行。有效执行的一个简单的技巧就是逛街时身上尽量少带钱，也不带信用卡，只买那些已经计划好了的东西。这对于"不花光钱不回家"的冲动型消费者来说，这个方法非常有效。

若你在两者之间无法作决定，选便宜的准没错

在购物消费的时候，我们都会听到亲朋好友或者导购员说："一分价钱一分货。"于是为了图个心安，买个放心，或者关系面子问题，在能承受的范围下，不少人还是宁愿选择买贵一点的东西，也不愿冒险去买相对便宜一点的东西。

"一分价钱一分货"真是一条颠扑不破的真理吗？墨菲定律告诫我们：其实未必。

贵的商品与便宜的商品相比，成本会高一些，但往往多出来的价格远超过其成本（包含包装、宣传、营销等各种成本）的增加，实际用于材质或性能的成本很难说增加了多少。

> **墨菲定律启悟**
>
> 看起来越是有用的东西，一旦付款买下，实际越是没用。

我们知道，有一种东西叫奢侈品，这种东西的第一属性就是贵，而不是好。商家大力宣扬的理论——我们的东西很好，所以很贵，在某种程度上并不准确，这些东西并非好所以才贵，而是因为贵，所以才"好"。所以墨菲定律还说："东西越好，越不中用。"

当然，贵的商品还存在一个技术成本和技术难度的问题。抛开技术成本不说，光是技术难度就能把其他竞争对手甩开，用"别人做不到"作为卖点，比同类产品的价格高出一大截。但这种"技术难度"造就的卖点，对消费者有多大意义，我们要想清楚才行，因为我们买的是商品的使用价值。

由以上分析可知，如果你纠结于两种商品究竟该买哪一种，选便宜的往往就对了。

第十章　墨菲定律之十：
别以为新科技就是好东西

|墨|菲|定|律|启|示|录|

任何非常先进的科技都与魔法毫无二致

很多人觉得科学技术与魔法是两码事，甚至还有为数不少的人把二者对立起来。其实科技只是不断翻新的魔法，人类现在所创造的这些炫目的高科技，都能在从前人类的幻想、小说、电影中找到原型，甚至在魔法故事中找到同类。所以墨菲定律说先进的科技如同魔法。

其实这条墨菲定律也是克拉克基本定律的很好注脚。

克拉克基本定律是英国著名科幻作家亚瑟·查理斯·克拉克积累有关科学文化方面的经验提出的，主要有三条：

定律一：如果一个年高德劭的杰出科学家说，某件事情是可能的，那他几乎就是正确的；

> **墨菲定律启悟**
>
> 仅有的完美的科学就是马后炮。

但如果他说，某件事情是不可能的，那他很可能是错误的；

定律二：要发现某件事情是否可能的界限，惟一的途径是跨越这个界限，从可能跑到不可能中去；

定律三：在任何一项足够先进的技术和魔法之间，我们无法作出区分。

克拉克科幻作品里的许多预测都已成现实。尤其是他的卫星通讯的描写，与实际发展惊人的一致，地球同步卫星轨道因此命名为"克拉克轨道"。

所以，我们不能以"科学"的招牌去否定魔法，因为你并不知道某种魔法在将来会不会真的成为现实；我们也不能以自己目前所掌握的东西轻易判定哪种科技是绝对先进或绝对完美的，因为科技是不断发展进步的。

可以想像下，如果100多年前的人来到今天，是不是觉得来到了魔法世界？这才100多年，如果几万年后，几亿年后呢？

我们对任何事情所知的还不到百分之一的百万分之一

人，有时候挺自大的——毕竟，我们有了那么多先进的科学技术，实现了古人一个又一个的"魔法"。于是，我们觉得我们是这个地球家园的主人，可以掌控其他生命体的生与死，所以，我们有理由自大。可是，墨菲定律能让我们静下心来，当我们思绪横穿时空，就会发现：人其实很渺小。

且不说人类相对于宇宙简直可以忽略不计，人类对这个世界的了解也少得可怜。

1800多年前，当时最优秀的天文学家、数学家和地理学家托勒密的"地心说"，成为西方世界的普世宇宙观；后来，哥白尼开创了"日心说"，布鲁诺和伽利略先后受到他的思想连累，科学化的洪流从此汹涌澎湃。其实，他的理论并不是很正确，他那"完美的"圆形轨道模型，以及太阳变成

> **墨菲定律启悟**
>
> 每一级的生命，都只能认识比自己更低级的生命。

了宇宙中心的误谈，都属于十分严重的瑕疵，因而很快就被开普勒和牛顿等人的新理论所取代。那么，若干年后，我们现在所认为的正确理论还是正确的吗？

爱因斯坦在接受采访时说："我们对可知世界的少得可怜的了解。""我们像一个进入大型图书馆的孩子，图书馆里摆满了用各种语言写成的书籍，而他无所适从。孩子知道肯定有人写了这些书，但他不知道是怎么写的，也不认识写这些书的语言是哪种。孩子隐约觉得书的排放都依循某种神秘的顺序，但他不知道那是什么。"

人类的感官太有限，生命太有限，智慧太有限，别说对无限大的宇宙太不了解，即使对我们身边的生命也知之甚少。比如，在人类眼里，蚂蚁是如此低等的生物，就算它被人踩死碾碎，它也绝无可能想像出，世界竟有一群能通过图书杂志和互联网来讨论自己是不是最高级的生物这样深奥问题的生命。

所有生命的认知能力，都只能看到比自己更低等级的生命的存在。人类无法认识更高等级生命的存在，因此也就认为自己是最高级的生命。但如果存在更高级的生命，也许他们也觉得我们人类如同我们看蚂蚁一样的低级而可怜。

幸好，至少人类里还有一些人，能承认自己知道的东西太少，不敢用自己少得可怜的知识，去轻易判断那个大得自己根本无法想像的世界。

千万别信最新科技，等它有点岁数了再信它

任何一种新东西出来，一开始都不可能是完善的。新科技更是如

第十章 墨菲定律之十：别以为新科技就是好东西

此，不仅不完善，甚至连安全性都很难保证。因此，我们牢记这条墨菲定律，不能太"时尚"，尤其是事关身体健康和安全的新产品，最好多一点时间的检验后再用，否则，我们很可能成为可怜的"小白鼠"。

20世纪50年代初，德国一家制药公司合成了一种抗生素——沙立度胺，合成后发现它并无抗生素活性，却有镇静作用。科学家们研究发现，它能够显著抑制孕妇的妊娠反应（如呕吐和失眠），在动物实验中未发现毒性，而且不会成瘾，对孕妇也十分安全。于是在1957年在德国上市，被叫做"反应停"。不久，"反应停"进入日本市场，在此后不到一年的时间内，反应停在欧洲（如德国、比利时、英国、意大利和法国等11个国家）、日本、澳大利亚、新西兰、加拿大、非洲（南非等7个国家）和拉丁美洲（主要是巴西）全球共46个国家畅销。

但是不久，有临床医生陆续发现，服用过反应停的妇女生出的孩子畸形比率异常升高，这些产下的畸形婴儿患有一种少见（在正常怀孕妇女发生率是大约400万分之一）的叫海豹肢症，四肢发育不全，短得就像海豹的四个鳍足。截至1963年，在世界各地，如西德、美国、荷兰和日本

> **墨菲定律启悟**
>
> 任何技术变革出来，我们都经历一条图形化的受辱曲线，不管曲线能爬多高，重要的是它会持续多久。

等国，由于服用该药物而诞生了12000多名海豹肢症婴儿。

所以，我们不要一出新科技就趋之若鹜，一有新产品就急着去用，特别是药品。多等几年，比较有利于自己的健康和安全。因为，时间是一面最明亮、最公正、最能从全方位反映一切事物的本身实质的神奇的镜子，它能客观地检验一切所谓的新科技和新产品。

科学技术由那些对自己管理些什么毫不理解的人掌控

我们常常看到，很多管理着技术的人不懂技术，而那些技术精英却不是领导。这种墨菲现象让很多懂技术的人不满，也被很多民众所讽刺。其实，这中间存在着误解，之所以出现这种现象，主要是因为，技术精英普遍的情况是技术过硬，但缺乏管理才能，人情世故不是很精通，沟通技巧不是很高明。

有这样一个例子：

美国一家化学工厂遇到了一个很好的扩展机会，他们准备在发展中国家开设一家分厂。几经考察，他们决定将这个分厂设在印度。

派谁负责印度的事务呢？他们开始从公司

墨菲定律启悟

科技被两种人控制：一种是了解科技但不管理者，另一种是管理科技但不了解者。

第十章 墨菲定律之十：别以为新科技就是好东西

位于世界各地的分厂中寻觅。最后他们选中了两位：佛尼斯，负责公司位于巴西的工厂的技术部门，他的最大特点是技术过硬，毕业于一所名牌大学的化学专业；另一位是斯帕西，他已经54岁了，一直负责公司总部的事务，有一定的管理才能，但几乎不懂技术。最后，他们选中了佛尼斯，因为他有在发展中国家工作的经验。

但佛尼斯的糟糕表现却使公司在印度的投资陷入了被动。

佛尼斯虽在巴西待过几年，但印度的情况与巴西却有着极大的差别。他无法处理承包商的要求，没有申请到许可证，无法解决与工会之间存在的分歧，甚至招不到自己需要的员工。虽然由于工程延期，工厂的开工远远超出了预定的期限，但最终还是投产了，可产品销路的问题又接踵而至。

事后这家公司的领导为自己的错误决定检讨时说："虽然佛尼斯的履历表上到处都闪着耀眼的光辉，但我们都忽略了他只是一名技术人员，他并不具备足够的管理才能——他之所以在巴西表现得很优异，在很大程度上是由于他在那里只管理着技术部门，而不是整个公司。"

技术精英有非常明显的长处，也有非常明显的短处，表现在具体问题上就是：做出技术上无懈可击但不符合组织利益和管理规律的决策，或者无法做出决策，即使做出了正确的决策，也难以推动战略目标的执行。技术是个工具，掌握工具的人只有掌握了正确的管理思维才可以介入决策，否则只会把事搞得一团糟，糟了之后还觉得是别人的问题。

如何解决"懂技术的人不管理，管理的人不懂技术"这个矛盾呢？基本的方法有两种：

首先，技术精英们要努力提高自己的管理能力，并客观地认识自我。如果你没有得到权力就能成为大家的精神领袖，振臂一呼，应者云集，问题就不存在了。但如果无法做到，就要审视自己，是继续学习提高相关能力，还是老老实实做自己的技术。

第二个方法是，管理者要学点技术，不要对技术人员既鄙视又崇拜。如果把技术做好了，大家也就对你更信服了。这对管理者的要求有点高。如果无法提高自己的技术，那就多研究点攻心术吧，让那些技术精英甘心情愿地服从你。

理论上可行实际未必可行，实际可行理论上也许不可行

经常有人说，这个事理论上是这样，实际操作是另一个样；这个事理论上可行，实际上很难实现……

的确，虽然理论常常是从实际（实践）中得到的，但是墨菲定律告诉我们，我们的实践次数永远都是有限的，不可能把所有的可能性都包括到，也不能保证一样的过程就会得到一样的结果。

为了使科学技术或其他东西应用更简单，需要理论。而要得到理论，就需要把实际（实践）得到

> **墨菲定律启悟**
> 理论可以指导实践，但理论必定有它的局限性。

的东西适当简化，做一些假设，最终得到了一些理论。但是在一些情况下，会有假定条件不全、假设有问题、推导过程不完备等问题，最终导致理论能过，但是实际上却做不出相应效果的情况。也同样是这个原因，导致了一些事情实际上可行，但理论上不可行。

理论能指导我们的实践，但理论也必然有着局限、失误。如果理论是对实际的简化，那么理论永远是不真实的"地图"。

尽管理论只是一张很模糊而且有很多错误的地图，但拥有它比自己茫然的摸索要好得多，所以，我们不要迷信理论，但也不要抛弃理论，而要理论联系实际，把理论当成一种工具，使我们更好地学习、更好地研究，更好地生活。

技术进步给我们提供了更有效的退步方法

科技始终是推动着人类文明进步的最大动力。人类对大自然的探索、认识的过程中，在一定程度上说就是科技手段不断的创新、发展的过程。

科技的进步毋庸置疑，但是，墨菲定律从另一个角度提醒人们，当人类站在自己不断垒砌加高的科技金字塔塔尖的时候，和地面的距离也越来越远。不断进步的科技使世界对人类的生存要求无论是从身体上和精神上都越来越低。

很久以前的人要活着就必须经常从事诸如打猎、种田这类的体力劳动；而科技的不断累加，使现代的人类在生存和生活问题上只需花费越来越少的努力就能实现。

对比现代人和古代人的能力和素质，无论是身体的运动能力还是思考能力都在下降。因为有越来越先进的工具

> **墨菲定律启悟**
>
> 面对今日飞速变化的技术环境，我们只能少学多忘。

来代替人的体力和脑力锻炼。现在就连减肥这种体力锻炼都有人想用

机器和药物来代替。稳定而繁忙的现代生活明显的使人类体力锻炼的水平急剧下降，再加上身边无处不在而越来越多的有害化学物质、辐射，人类的身体素质也在逐渐退化。填充社会大众生活的主要是电视、电影、流行音乐等几乎不需要大脑进行思考的活动，使脑力锻炼的机会大为减少。

我们可以看到，人类一些本来很正常的能力正在消失，比如计算、记忆、书写这些都应该是人的本能……随着科技的发展，作为人，这些能力也在慢慢退化。因为我们的计算器、电脑、手机能帮助我们计算几乎所有的事情，记忆几乎所有需要记住的东西；我们用手写字的机会越来越少，无纸化办公也风靡全球，随着语音输入技术的发展，我们写字的能力将进一步退化。或许将来我们也不会开车了，因为有自动导航会帮助我们，甚至有机器人帮我们开车。

甚至，人类繁衍后代的本能也在退化，几乎所有的孕妇都要去医院让医生帮助生产，还有大量的人选择剖腹产。再看看产后妇女的状态，即使是顺产的女人，也都在床上躺几天。而动物呢？那些雌性动物生产时不需要任何帮助，产后最多休息几个小时就该干什么干什么去了。

人类因为科技的进步，可能已经停止进化了。人类社会发展到今天已经不再是往日大自然中的适者生存的时代了，无论强者弱者都可以自由婚姻生育，不再是优胜劣汰。然而，现在不孕不育的越来越多了。人类按这样发展下去，有没有可能自动灭亡呢？

也许这条让人不安的墨菲定律有点杞人忧天了，但人类无疑因为科技的发展而出现了某些退化。对此，我们应该深思，也应该警惕，并努力想出办法让我们一边享受科技带来的好处，一边又能促进人类自身素质的提高。

别修那些还没停工的家伙，不然它会停工而且还修不好

生活中，也许你有过这样的经历：你发现某个东西有点毛病，就想把它修好；但结果往往事与愿违，不但那个小毛病没有修好，反而这个东西整个都无法使用了，科技产品尤其是这样。

这条墨菲定律反映的现象并不奇怪，因为我们毕竟不是专业人士。每一种科技产品，从研发到生产再到批量生产面市，都由专业的技术人员研究了很久才完成的。作为一个外行，如果你连要修理的这种东西的工作原理都不清楚的话，修好的几率微乎其微，更大的可能是把它修坏。

那么，送到维修站去修呢？同样会越修越坏。本来只有一个小毛病，修过之后十有八九成了大毛病，最后干脆无法维修或不值得维修了（修的费用几乎赶得上买新的了）。为什么会这样？利益驱动。你是维修员你也会这么干，而且你同样会想尽办法让别人无法找你负责。

所以，如果一个东西虽有毛病但还能用，就接着用，没有把握就不要自己修，最好也不要让别人修。

若是已经停工了怎么办？墨菲定律这样告诉我们：

如果某样东西坏了，而且中断了你在做的某

> **墨菲定律启悟**
>
> 技术人员是惟一不信任技术的人。

件事情，那么它会在以下时候被修好：

（1）当你不再需要它时；

（2）当你又投入干另一件事情时；

（3）当你因为不想被指望一定要怎么怎么而不愿修好它时；

所以，放一放吧，你越是着急，越修不好它，说不定还会把事情弄得更糟。

你的设备出了问题，厂家会说你没有正确使用它

在工作和生活中，当我们使用某种科技产品不顺利时，如果你找厂家或经销商讨个说法，多半会无果而终。正如墨菲定律所描述的，他们会告诉你，这些都不是他们的问题，而是你的问题，你没有按照说明书使用这个设备。

真是这样吗？答案是：有假，也有真。

一方面，厂家或经销商为了推脱责任，即使你正确使用了，他们也能找出你没有正确使用的理由，对产品了如指掌的内行要想忽悠完全外行的用户，简直易如反掌。另一方面，所有的科技产品也确实需要一定的工作条件，否则就不能完全发挥说明书上标注的功能，甚至造成损坏；换句话说，只有严格按照要求提供设备的工作条件，该设

> **墨菲定律启悟**
>
> 在最严格控制的压力，温度，湿度和其他变量条件下，有机体会如其所愿地运作。

备才有可能正常工作。

那些工作条件包括但不仅限于：运输、电压、电流、水压、气压、温度、湿度、噪音、清洁度、光线、空气流动性、燃料型号和品质、原材料、辅料、工具、附件、备件、润滑、操作人员技术水平甚至着装，有的还需要设立单独工作间，配备恒温装置。

可以看出，要让一个科技产品如其所愿地运作是多么不容易。所以，我们要么不买它、不用它；要么得好好看说明书才行。

实在搞不定的话，就看一看操作说明

人们在用东西的时候常常会发现很多问题，有的人觉得这东西有毛病，有的人认为产品设计不合理，有的人需要产品的某种功能却发现没有。其实，如果你知道这条墨菲定律就能知道，大部分问题通过阅读说明书就能解决，只是因为没有看，所以认为是个搞不定的难题。

有这样一个故事：

福特福克斯刚上市时，一个人买了一辆。三个月后，厂家电话回访，问其驾驶感受。他回答："其他都好，就是灯光开关设计不合理。大灯没有开关，我要一直把变光拨杆抬着，点亮远光才能开夜车。"

这个人以前开日本车，灯光开关就在变光拨杆头上，而福克斯这类欧系车变光灯开关在仪表台的左手边，而且是旋钮式的。因为位置不太明显，他没有找到开关。

厂家的调查员说明了大灯开关的位置后说："这些在说明书上都是

有的，先生您没看吗？"他回答："谁看那么多字儿啊，又没啥画儿。"

其实，说明书就像一部字典，当你有什么疑惑的时候拿出来看看，常常能找到你想要的答案。

当然，很多人不看说明书也有理由，一是因为有的说明书字数确实很多，表述得又专业，很少有人那么耐心地看完；二是因为说明书上的有些提示很"弱智"，以至于有"聪明人不看说明书"的说法，例如：

> **墨菲定律启悟**
>
> 每次演示给修理工看电器如何不正常工作时，它都工作得很好。

- 某种电锯的使用说明写道：请勿用手阻止电锯运转。
- 某种头发吹风机的使用说明书上写道：请勿在睡眠时使用。
- 某种痔疮药膏的使用说明写着：仅限外用，禁止内服。
- 某种冷冻比萨饼的盒子上写道：警告，本食品放进烤箱后会变热。
- 某种电熨斗的说明书上写道：千万别熨烫穿在身上的衣服。

说明书上的这些内容看似无聊的常识，但对厂家来说却是必要的无奈之举，因为不说明这些，说不定就会吃官司。

一个最著名的例子来自法国。

一位老太太养了一只很漂亮的猫。一天，她给猫洗完澡后，发现猫冻得直发抖，便给猫披了一条毯子，但猫还是冷。于是，老太太想起新买的微波炉有加热功能，便把猫放进去加热了3分钟，结果猫是热了，但也差不多熟了。老太太伤心欲绝，对该微波炉的生产商进行了血泪控诉：

"你们当初卖给我的时候为什么不告诉我不能烤猫?"事情进入了司法程序,双方激烈争辩后,老太太赢了官司。

虽然说明书上类似的东西我们可以不看,但那些实用的内容我们还是有必要看看的,尤其是当我们遇到问题时。

不过,说明书上关于产品功能、功效的说辞一般言过其实,我们不要太相信这些,只关注如何使用就好。

计算机里面没有的就真的没有

随着科学技术的发展,计算机,这种曾经为了计算弹道而产生的机器,硬件和软件配置越来越多,也使其基于0和1的二进制运算越来越精细,因而越来越先进,功能越来越多。

如今,电脑不仅仅用作计算数值,如卫星运行轨迹,水坝应力,气象预报,油田布局,潮汐规律等等,为了问题求解,使往往需要几百名专家几周、几月甚至几年才能完成的计算,只要几分钟就可得到正确结果;更能处理信息,实时控制,辅助设计,智能模拟,娱乐活动等等。

> **墨菲定律启悟**
>
> 对于今天来说,如果不存在电脑里的,那就是不存在的。

在当今社会,电脑越来越强大,几乎所有能用电脑处理的事情,人们都争先恐后地使用电脑处理;电脑硬盘的容量越来越庞大,几乎所有能存进电脑里的东西,都被要求储存在电脑里。所以，墨菲定律才用诙谐的说法描述这一现象。

用电脑存放东西简单方便，需要时调用也非常便捷。然而，电脑毕竟是容易犯错的人类制造的机器，难免会出错。不仅如此，电脑失窃也会使人们存储的信息丢失和泄露，根据 ZDNet 提供的数据，世界上每 53 秒就会有一部笔记本被偷，97% 的被偷笔记本永远都找不回来了。因此，我们必须做好相关的备份和保管，否则会造成不必要的损失。

人总会犯错，但要把事情搞砸还需要一部电脑

电脑是先进的高科技成果，对很多人来说，它是每天的伙伴，工作、学习、娱乐甚至交际都离不开它。

但是电脑作为无法避免犯错的人类所制造的机器，自然也有犯错的时候。而且，它不像我们人，累了、病了还能再坚持一会，如果它要黑屏蓝屏、要死机、要罢工、要崩溃从来不和你商量，使你辛苦整天、整周、整月、整年甚至数年的劳动成果瞬间消失。

电脑比人类历史上的任何科技发明都能更快速地导致犯更多更大的错误，因为它的效率实在太高了。所以墨菲定律还说，一台电脑 2 秒内可以闯的祸，赶得上 20 个人 20 年干的坏事。

得克萨斯州一家公司的电脑发生故障，将公司的 17 万个工资记录数据全部销毁，致使公司很久也无法发工资。

第十章 墨菲定律之十：别以为新科技就是好东西

一天，美国加利福尼亚州警察局值班警长霍地拔出手枪，朝一台电脑"砰砰砰"连开三枪。原来，这台电脑不知出了什么问题，发疯地通报各分局逮捕上千名无辜平民。在这千钧一发之际，警长不得不采取果断措施，将其"击毙"。

纽约当骑士资本集团的电脑系统出现问题，在一个小时内就执行完了原本应该在好几天内完成的交易，导致短时间内百万股票易手，损失4.4亿美元，直接将该集团推向了破产的边缘。所幸投资人紧急注资4亿美元才得以幸免。而恢复这些错误的交易耗费了将近5亿美元。

像这样的例子不胜枚举。

电脑本身会出错，是因为制造电脑的是会出错的人。但电脑把事情搞砸也并不完全是电脑的问题，更多的情况

> **墨菲定律启悟**
>
> 电脑靠不住，人更靠不住；靠人维护的所有系统当然也靠不住。

是人为的问题。比如有些现实中不得志的人，或者为了达到某种目的的人，搞出一些电脑病毒，一个不小心就给你造成难以挽回的损失。而人们在操作电脑时，随意点了"格式化"、"确定"、"全部替换"，都足以让人后悔得撞墙。

电脑这种东西，对于普通不懂的人来说，与卫星的差别不大，你几乎无法知道包括软件和硬件的问题会出现在哪里，也不知道会出现在什么时候。所以，现代社会，我们所看到或者听到或者做过的最尴尬、最有危害性和最愚蠢的事情几乎都涉及到电脑。

虽然电脑靠不住，但我们还是不得不用电脑，毕竟它是我们的好帮手。不过，为了尽量避免损失，我们平时要多备份，多学习电脑知识，改正不良的用机习惯，不要因为某些疏忽和错误让自己后悔莫及。

| 墨 | 菲 | 定 | 律 | 启 | 示 | 录 |

任何软件在它运行的时候，都已经过时

近年来，伴随着高性能计算机的利用以及低耗费高速 Internet 网络的发展，各种软件层出不穷，而且软件更新换代的速度让人应接不暇，以至于墨菲定律说任何软件运行的时候都已过时。这话虽然有些夸张，但也从一定程度上反应了软件版本更新之快。

早期的计算机由于存储容量的限制，软件的规模和功能受到很大限制，随着内存容量按照摩尔定律的速度呈指数增长，软件不再局限于狭小的空间，其所包含的程序代码的行数也剧增：Basic 的源代码在 1975 年只有 4000 行，20 年后发展到大约 50 万行。微软的文字处理软件 Word，1982 年的第一版含有 27000 行代码，20 年后增加到大约 200 万行。有人将其发展速度绘制一条曲线后发现，软件的规模和复杂性的增长速度甚至超过了摩尔定律。许多软件在刚刚推向市场的时候，新的版本已经在研发、调试了。

软件的发展反过来又提高了对处理器和存储芯片的需求，从而刺激了计算机硬件的更快发展。其实，软件更新换代的速度可以更快，但软件如果没有硬件的支持，更新的再快也是鸡肋，所以硬件更新速度实际上比软件更快。不过，人们买了电脑之后，一般直到硬件损坏

墨菲定律启悟

任何到手的软件，当你还在读说明琢磨怎么驾驭它的时候，它的新版本就出来了。而且新版本总设法改变你最需要的那项特性。

或太旧了才更换，而软件的更新常在使用中多次发生，所以大家对硬件更新的速度感受不明显，而对软件更新速度的感受则很强烈。

当你有了一部手机，你就成了透明人

在科技日益发达的今天，信息社会已经到来，手机的使用已经普及到千家万户。手机在带给我们工作和生活日益便捷的同时，所引发的泄密风险正在呈几何倍数的增长。

一部智能手机，除了正常的通话、短信功能，还有强大的网络互动和应用功能，它既是一台高像素的照相机和摄像机，也是一个效果上佳的录音笔，更是一个随时记录你位置信息和行踪的 GPS 智能跟踪器。手机对你的行踪了如指掌，甚至比你自己更了解你自己。手机知道你跟谁最熟，和他们聊什么，你拍了什么照片和视频，你在做什么，甚至连你不知道自己在哪儿时，它都可以告诉你……

所以，在互联网时代，要问谁最了解你？不是父母，不是配偶，不是好朋友，而是你随身携带的手机。

也许有人会说，破解这个墨菲定律也不难，我只要我关掉手机就好了。岂不知，关机只能让别人打不通你的手机，但手机可能还在"工作"，你的一举一动，一言一行，已被"有心人"尽收眼底。

美国"棱镜"情报监控项目曝光者爱德华·斯诺登就曝料称，美国国安局与英国电信

> **墨菲定律启悟**
>
> 如果你觉得自己理解了科学（或是电脑或手机或女人），很明显你不是行家。

部门可通过手机麦克风进行监听,"他们绝对可以在手机关机的情况下开展监听活动"。包括联合国秘书长潘基文、德国总理默克尔、巴西总统罗塞夫等122名外国和国际组织领导人的通话都被监控。

也许还会有人说,我只是一个平头老百姓,又不是什么领导人,透明就透明呗,又不会有什么损失。

但事实并非如此,随着移动互联网爆发式的增长,以及App应用的繁荣,各种各样的应用安装到手机上,你的手机从IMEI号到通讯录、短信、地理位置,全方位隐私都被窃取了,有时连你的银行账号和密码都难保。

因此,在享受科技带给人们生活便利的同时,我们每一位手机用户都需要重视隐私保护,注意防范潜在的风险和隐患。

第十一章　墨菲定律之十一：

你所看到的，有可能只是假象

墨|菲|定|律|启|示|录

如果你不理解某事物，那它就是在直觉上显而易见的

在人类社会上，有很多事物我们不能理解，当你百思不得其解，或者为此苦恼时，实际上其原因往往如墨菲定律所言，在直觉上显而易见，一如"公理"。

> **墨菲定律启悟**
>
> 只有实力相等才能讨论公理和正义。

二战前，有个贫穷落后国家的先生留学美国，期间，他被一个富翁的狗咬伤。这个留学生控告富翁。富翁请了律师辩护。结果，竟证明：非但富翁的狗不曾咬留学生，而且是留学生咬了狗。

留学生败诉后，叫道："公理呢？法律呢？"

法官马上禁止他作声，严厉地说："你得知道：这儿是法庭！"

我们当然要追寻公理，但公理是要靠实力来支持的，失去了实力的公理，毫无疑问，会变成"无理"。小到一个人、一个组织，大到一个国家，道理亦然，惟有自身足够强大，才能具备追寻并维持公理的实力，否则，即便公理及正义在手，亦难免惨遭强蛮之蹂躏。

巴勒斯坦的历史就是实力即公理的最佳注脚。海湾地区注定无一

日无战事，源于利益，诉诸武力，打着冠冕堂皇的旗帜，最终的决定因素还是实力。巴以不是没有谈判，而是谈不拢，谈不拢的根源就在于实力悬殊，大灰狼和兔子能坐下来平等谈判吗？

这个世界常常没有公理，只有实力。所以，无论作为个人，还是作为国家，我们都要不断提升自己的实力，惟有如此，才能维护自身尊严，才能使不理解的事物越来越少。

好的习惯需要长期教育，坏的习惯只需有人带头

生活中我们会发现这样的墨菲现象：要让一群人养成好习惯，需要通过各种长期的宣传教育；但要是用坏习惯破坏这种好习惯，只需要少数一两个人带头就可以了。

比如，经过长期的宣传，社会上的人们基本上养成了遵守交通规则的好习惯。某一天早晨上班时分，路口人流如织，等红灯的人们焦急地望着交通信号灯，终于有一个性急的小伙子等不及了，于是，其他人就会像潮水一样紧跟其后，视红灯若无物。如果这种现象没有得到及时的制止，闯红灯的路口就越来越多。

群体智慧理论讲到，当个体独立思考与决断时，往往更理智、积极；但在群体中，个体反而更容易盲从。因此，好习惯的建立需要一个过程，而坏习惯却容易病毒式扩散。

这样的例子有很多，例如，当我们置身于一个异常优雅整洁、地面非常干净的环境中的时候，如果有人丢了废纸，且没有人来及时清扫掉的话，对于其他人可就能会产生一种暗示：原来这里是可以丢废纸的，丢的愈多对后来者来说就愈有一种纵容。接下来的事情就可想而知，可以说很快这里就会成为一个大垃圾场。

社会心理学研究发现，一群人看到有人破坏规则，而未见对这种不良行为的及时处理，就会模仿破坏规则的行为。

群体的行为在无约束的情况下，就会从好不容易培养出的好习惯向坏习惯发展，犹如蚁穴之不掩，会造成大堤溃决。所以，必须重视这条墨菲定律对小问题及时处理，否则将造成严重的后果。

第十一章 墨菲定律之十一：你所看到的，有可能只是假象

如果你在街上仰头看一会儿天，会有很多人也仰头看天

这条墨菲定律可谓从众心理的调侃说法。一般说来，群体成员的行为，通常具有跟从群体的倾向。当 Ta 发现自己的行为和意见与群体不一致，或与群体中大多数人有分歧时，会感受到一种压力，这促使 Ta 趋向于与群体一致的现象，叫做从众行为。

从众现象在我们生活中，比比皆是。

有一个漫画，画的是一个人微张着嘴，仰着头，似乎在看天。这时，另一个人看到了，觉得很奇怪，以为天上有什么特别的东西，就也像他那样，朝天上看。接着，又被第三个人看到了，他想，这两个人都在看天，一定是天上有什么特别的东西，于是他也朝天上看。后来又被第四个人看到了……就这样，到后来有一群人都像第一个人那样，齐刷刷朝天上看。可是，还没等他们搞明白到底天上有什么东西，只见第一个人脑袋抖了几下，打了个超级大喷嚏，身旁那一群人才傻了眼……

美国人詹姆斯·瑟伯有一段十分传神的文字，来描述人的从众心理：

突然，一个人跑了起来。也许是他猛然想起了与情人的约会，现在已经过时很久了。不管他想些什么吧，反正他在大街上跑了起来，

向东跑去。另一个人也跑了起来，这可能是个兴致勃勃的报童。第三个人，一个有急事的胖胖的绅士，也小跑起来……十分钟之内，这条大街上所有的人都跑了起来。嘈杂的声音逐渐清晰了，可以听清"大堤"这个词。"决堤了！"这充满恐怖的声音，可能是电车上一位老妇人喊的，或许是一个交通警说的，也可能是一个男孩子说的。没有人知道是谁说的，也没有人知道真正发生了什么事。但是两千多人都突然奔逃起来。"向东！"人群喊叫了起来。东边远离大河，东边安全。"向东去！向东去！"……

这是一种普遍的社会现象，身处群众中的个人，在群众心理气氛的感染之下，人就会失去独立的思考和判断能力，取而代之的就是依随于群众的情绪和意见而行动。大街上有两个人在吵架，这本不是什么大事，结果，人越来越多，最后连交通也堵塞了，后面的人停了脚步，也抬头向人群里观望。我们看到别人起立，自己也会起立；看人家鼓掌，我们也会鼓掌，甚至看到别人打哈欠，自己也会情不自禁地打起哈欠来。

> **墨菲定律启悟**
>
> 每个人都想与多数人采取相同行动。从众心理，比比皆是。

不同类型的人，从众行为的程度也不一样。一般来说，女性从众多于男性；性格内向、自卑感的人多于外向、自信的人；文化程度低的人多于文化程度高的人；年龄小的人多于年龄大的人；社会阅历浅的人多于社会阅历丰富的人。

造成人产生从众心理的原因，是多方面的。在群体中，由于个体不愿标新立异、与众不同感到孤立，而当他的行为、态度与意见同别人一致时，却会有"没有错"的安全感。从众源于一种群体对自己的无形压力，迫使一些成员违心地产生与自己意愿相反的行为。

从众行为具有有两重性：消极的一面是抑制个性发展，束缚思维，扼杀创造力，使人变得无主见和墨守成规；但也有积极的一面，即有助于学习他人的智慧经验，克服固执己见、盲目自信，修正自己的思维方式、减少不必要的烦恼如误会等。因此，生活中，我们要扬"从众"的积极面，避"从众"的消极面，既要慎重考虑多数人的意见和做法，也要有自己的思考和分析。

旁观人数越多，救助行为出现的可能性就越小

这条墨菲定律反映了令人费解却相当普遍的社会现象。曾有这么一个典型的实例：

1964年3月，在纽约的郊外某公寓前，发生了一起震惊全美的凶杀案。

在凌晨3点的时候，一位年轻的酒吧女经理被一个杀人狂杀死。女经理喊叫时间长达半个小时，附近住户中有38人看到或听到女经理被刺的情况和反复的呼救声，但没有一个人出来帮助她，也没有一个人及时给警察打电话。

事后，美国大小媒体同声谴责纽约人的异化与冷漠。

然而，两位年轻的心理学家——巴利与拉塔内并没有认同这些说法。对于旁观者们的无动于衷，他们认为还有更好的解释。为了证明

自己的假设，他们专门为此进行了一项试验。

他们让一个人在大街上模拟癫痫病发作，当只有一个旁观者在场时，病人得到帮助的概率是85%，而有四个旁观者时，他得到帮助的概率则降低到31%。

在另外一次实验中，他们让一座建筑屋的门底冒烟，只有一个人的时候，这个人会有75%的概率报警。然而同样的冒烟事件中，如果看见冒烟的人是三个人，报警的概率就会降到38%。

通过这个试验，人们对这种现象有了令人信服的社会心理学解释，两位心理学家把它叫做"旁观者介入紧急事态的社会抑制"，更简单地说，就是"旁观者效应"。他们认为：在出现紧急情况时，正是因为有其他的目击者在场，才使得每一位旁观者都无动于衷，旁观者可能更多的是在看其他观察者的反应。

这样的结论似乎与我们的常识恰恰相反。在我们看来，千斤重担

墨菲定律启悟

观看的人数越多，灾难的级别越高。

众人挑，人多，出现问题的时候，自然就越容易解决。比如在大街上，有人追杀你，你呼喊救命，大街上人越多，你获救的机会就越大。但科学实验得出的结论恰恰相反：在旁观者越多的情况下，你得救的几率越小。

捐款也是这样，旁观者越多，捐钱数越少。美国密苏里大学、匈牙利中欧大学和美国亚利桑那州立大学联合做了一系列实验，实验表明，当人觉得只有自己能提供帮助时才更容易伸出援手，而他人的存在可能会使人觉得自己有机会逃脱道德责任，以为责任是别人的，结果却是没有人伸出援助之手，造成"集体冷漠"的局面。如何打破这条墨菲定律，这是心理学家正在研究的一个重要课题。

谬误往往比真理还显得庄重

人们常说,真理与谬误住隔壁。但墨菲定律指出,无论在哪个社会中,谬误似乎显得很庄重,而真理却不怎么受欢迎。

有这样一则寓言:

真理和谬误一起到河边去游泳,他们都脱得光光的,跳入水中。

谬误趁真理游得正高兴的时候,偷偷地游回岸边,把真理的衣裳窃走了。从此,谬误经常穿着真理的衣裳招摇过市,真理却赤条条地一丝不挂,人们远远地一看见他,就紧紧地拴上了大门。

谬误常常披着真理的庄重外衣。如果你不是火眼金睛,很难分辨谬误与真理;如果没有人戳穿,谬误总比真理好看;如果没有人说破,谬误比真理流行。谬误总是先上岸,真理还在水里。当谬误在执政的时候,真理和哥白尼一起被烧死了。

索罗斯说:"经济历史是由一幕幕的插曲构成,他们都是奠基于谬误与谎言,而不是真理。"

丘吉尔说:"在战争期间,真理是如此的宝贵,因而,必须用谎言来保卫它"。

乔治·奥威尔在《政治与英语》一文说:许多政治语言都是通过使用托词、委婉语等修饰,使谎言听起来更像真理,使杀人犯听上去更可敬。

无论在经济领域还是在军事、政治、文化领域，谬误的谎言常常抢了真理的外衣。

真理往往只会掌握在少数人手里。少数人是谁？是拥有话语权的人。让平民百姓"指鹿为马"，不被人指斥为傻子，恐怕也要被怀疑为精神病。因此说，如果你不能享有足够的话语权，你就不可能把谬误变成真理；即使你说的是真理，也可能变成谬误。

> **墨菲定律启悟**
>
> 进步不在于错误理论被正确理论取代，而在于错误理论被貌似正确的理论取代。

所以，煤是黑的还是白的？当大多数人都说是白的时候，你没必要说它是黑的，即使你说了也会被认为是疯子。

谁叫得最响，谁就有发言权

很多人相信"有理不在声高"，觉得那是一种修养。可是，我们可以看到，社会上"秀才遇着兵，有理说不清"的现象也一再上演。其实，秀才本来擅长说理，但他偏偏嗓门不行，失去了发言权，结果有理也变成无理。

美国华盛顿州立大学的一项研究表明，无论讲话内容是否正确，人说话时越是大声，越会被别人认为值得信赖。

他们编写一项计算机程序，将美国多项大型体育比赛期间超过10亿条消息分类，测试谁能准确预测赛事结果的人吸引的"粉丝"多，还是发言时"理直气壮"的人吸引的粉丝多。统计结果显示,自信满满的发言能增加17%-20%的粉丝数量。

奉行"有理不在声高"的人,其实很多时候都在想着"息事宁人",而不问是非曲直。他们噤若寒蝉,不敢与邪恶抗争,主动把发言权让给理亏者,给理亏者倒打一耙的机会。

要改变这种情况,就必须记住这条墨菲定律,要认识到:绝大多数人都是有是非观念的,有道德的,有理的人应该提高嗓门,引起公众的注意,达到保护自己、痛斥无理者的目的。

越了解真实情况,新闻报道中的错误越明显

这条墨菲定律揭示了一种很普遍的社会现象:新闻造假。确实,无论在哪个国家,哪种社会,我们所看到的新闻都是为了达到某种目的而被"加工"过的。有人说,没有新闻自由就没有一真相,而实际上,即使标榜最自由的美国,其新闻报道也离真实情况很远。

《胜利之吻》是世界新闻摄影史上的经典作品,后被做成雕塑竖立在时代广场,成为纽约的标志性建筑之一。新闻报道说,该照片由美国《生活》杂志摄影师艾尔弗雷德·艾森斯塔特拍摄于1945年8月15日——日本宣布无条件投降那天。当这个胜利的消息传到时代广场的时候,整个广场沸腾了,人们沉浸在巨大的喜悦中。一名年轻水兵情不自禁地抱起身边的一名女护士忘情亲吻起来。艾尔弗雷德·艾森斯塔特眼疾手快,抓拍到这一珍贵的镜头。

然而，50多年后，照片上的主人公、当年的水兵吉姆·雷诺尔斯说："照片并非摄于当年8月，而是5月，也就是战胜德国纳粹的日子。这是摄影师根据《生活》杂志老板的授意而拍摄的。从创意、构图，直至被吻护士小姐身体的姿态，都是经过精心策划的。不巧的是，这幅照片拍成后因种种原因未能及时发表，而在3个月后日本投降才公布于世。"

这种被"加工"过的新闻还有点真相的影子，而有些新闻，完全是杜撰出来的，美国甚至还有大量专门制造假新闻的专家。

乔伊·斯卡哥斯是美国最为臭名昭著的假新闻制造专家，甚至在全世界也是数一数二的。他造过的假新闻实在太多，像"狗妓院"、"鱼公寓"、"胖子突击队"等假新闻还一度引起过轰动效应，得过大奖。

> **墨菲定律启悟**
>
> 事物的表象并不可信，大多数人往往被表象蒙骗。只有少数智者能够察觉深藏的真相。

在接受美国广播公司专访的节目中，斯卡哥斯侃侃而谈，说出一些炮制假新闻过程中的要点。他的假新闻是在不少志愿者和朋友的帮助下完成的，目的只有两个，一是证明媒体对这些假新闻毫无免疫力；二是证明公众轻信一切，太容易相信新闻。

的确，我们太相信新闻，而且越是假新闻往往信的人越多。人类天性的好逸恶劳使人们不愿动脑，不愿辨别。

那么，你要不要动脑和辨别呢？这要看你想不想活得清醒，或者，你能不能改变什么。

第十一章　墨菲定律之十一：你所看到的，有可能只是假象

人们宁愿被问题困扰也不愿接受不了解的答案

从墨菲定律中我们知道，人注定无法知晓一切，正是由于人的有限与渺小，比之于宇宙与世界的深不可测，差距太大，才使人对许多无法了解的事物生出恐惧。

害怕未知的事物是人的本性。法国精神病科专家弗雷德里克·沙佩勒说："这是一种本能的恐惧心理，是从我们祖先那里遗传下来的。对我们的祖先来说，离开居住的洞穴是很危险的：离开后，他们不一定能找到食物，而且遭遇凶猛动物的几率加大。"

英国神学家詹姆士·里德说："许多恐惧都是来自我们对我们生活于其中的世界的不了解，来自这个世界对我们的控制。"

对"未知"的恐惧，使人们喜欢让一切维持在原有的状态，正如墨菲定律所言，即使人们正在被某一问题困扰，也不愿用不了解的事物解决问题。

比如，在几百年前，人们的食物匮乏，但没有人敢吃产量大且营养丰富的土豆、西红柿。如今，粮食仍然是一个世界难题，但当转基因作物被研究出来后，人们也是充满恐惧。

虽然我们不能轻易充当"小白鼠"，但也不能太惧怕未知的事物。如果新事物能够为困扰我们的问题提供答案，就不要抵触它，不妨进行风险评估，如果风险能够控制，就试着有步骤、有限度地接受它，也许它能打开自己的眼界，发现其他自己平时的世界眼界完全体会不到的东西。

|墨|菲|定|律|启|示|录|

流言在可能造成最大伤害的地方流传得最快

流言，是没有根据的话，是一种通常以口头形式进行并在人际中传播，没有可靠证明的特殊陈述。

流言在正确信息缺失的情况下极易被人们相信，有极强的杀伤力，自古人人畏惧。

流言和人们的危机状态有密切关系，每一次的社会动荡，都会引起相关社会成员的危机感，出现大量的谣言，并飞速传播。

美国的社会心理学家G.W·奥尔波特和波斯特曾于1947年发表《蛊惑心理学》一书，列举了二次大战期间发生在美国的大量谣言，其中敌对性的流言占66%，恐惧性的占25%。说明在战争这种社会动荡和社会危机状态下，流言大幅度增加，并且是与美国人有利害关系并又暧昧不清的事件上，流言越多。

日本社会心理学家也曾对二战中日本军方所收集的流言作了分析

> **墨菲定律启悟**
>
> 如果真相对你有利，往往没人会信你。

比较，发现1945年日本遭到美国空袭时期的流言最多，而且传播速度最快。这印证了墨菲定律的说法：流言传播最快的地方，往往就是流言可能造成最大伤害的地方。

即使不是危机状态下产生的、关于个人流言也是如此。

比如，有一天传出流言，说某个女子早年曾从事过不光彩的职业，所以现在才有钱开商店。这个流言在什么地方流传最快？显然是她居住、工作和经常活动的地方，只有这些地方对她伤害最大；她很少去的地方，这个流言就传播很慢；她从来没去过而且将来也不可能去的地方，可以说几乎无法传播。

任何事物都有一个产生变化发展直至消亡的历程，流言的宿命也如此。身正不怕影子斜，有些谣言会不攻自破。同时，我们也要多与人交流，让大家对你有一个总体正面印象，如果你给大多数人的印象是好的，即使有人议论你如何如何之类的闲话也是无济于事的。始终保持一种迷人的风度，平静努力地做你所要做的事，流言自会消去。

如果美貌是肤浅的话，时髦连汗毛都没沾上

人们常说：美貌是肤浅的。也许的确如此，而时髦呢？时髦只不过是缺乏美貌的人试图让自己看起来美貌罢了，所以墨菲定律说它连汗毛都没沾上。

美貌，好像无分地域，跨越古今，都是一件极具杀伤力的武器。

切斯特菲尔德说："美貌之于女人犹如才智之于男子，是至关重要的。"奥维德说："姑娘的心里最珍视的东西是她们自己的美貌。"莎士比亚说："美貌是一个女巫，在她的魔力之下，忠诚是会在热情里溶解的。"

俄国著名的大文豪普希金狂热地爱上了被称为"莫斯科第一美

人"的娜塔丽娅，并且和她结了婚。娜坦丽娅容貌惊人，但与普希金志不同道不合。当普希金每次把写好的诗读给她听时，她总是捂着耳朵说："不要听！不要听！"相反，她总是要普希金陪她游乐，出席一些豪华的晚会、舞会，普希金为此丢下创作，弄得债台高筑，最后还为她决斗而死，使一颗文学巨星过早地陨落。

在我们的社会里，美貌能使一个女人受到格外的重视，而缺乏漂亮外表的人们就只能跌跌撞撞地寻找着生命的意义与价值。

《MSNBC》报道说：女人，再怎么位高权重，再怎么意气风发，再怎么居功厥伟，或者，再怎么从云端跌谷底，最终外界瞩目的焦点都是：她们的脸。

我们还可以发现，凡能在荧幕上露脸的，外表必须要出众。就拿根据小说改编的影视剧来说，即使书里对角色的描写是"容貌平平"，一到荧幕上就保不住给你弄个沉鱼落雁出来。

> **墨菲定律启悟**
>
> 美只是肤浅，丑可以丑到骨子里去。

相关的产业兴盛繁茂，也能证明美貌的重要性。在生活中人们不断看到：产品经由美女展示，得到无数订单；企业经由美女形象代理，倾倒诸多"上帝"；报刊经由美女做封面，引来大批读者；服务经由美女一说"好"，弄得周围人也都来"享受"。

这个世界上，几乎所有的人都无法避免以貌取人。所以，在说肤浅之前先请扪心自问，是否真的能做到从不以貌取人？

当然，拥有天生丽质的宠儿少之又少，所以，更多的人用时髦来靠近它。

第十一章 墨菲定律之十一：你所看到的，有可能只是假象

好的越好，坏的越坏；多的越多，少的越少

理想社会的法则，是减去有余的并且补上不足的；世俗经济社会的法则就不是如此，而是墨菲定律所说，减损不足的，用来供给有余的。

圣经《新约·马太福音》中有一则寓言：

从前，一个国王要出门远行，临行前叫了仆人来，把他的家业交给他们，依照各人的才干给他们银子。一个给了五千，一个给了二千，一个给了一千，就出发了。那个领五千的，把钱拿去做买卖，另外赚了五千。那领二千的，也照样另赚了二千。但那领一千的，去掘开地，把主人的银子埋了。过了许久，国王远行回来，和他们算账。那领五千银子的，又带着那另外的五千来，说："主人啊，你交给我五千银子，请看，我又赚了五千。"主人说：好，你这又善良又忠心的仆人。你在不多的事上有忠心，我把许多事派你管理。可以进来享受你主人的快乐。"那个领二千的也来说："主人啊，你交给我二千银子，请看，我又赚了二千。"主人说："好，你这又良善又忠心的仆人。"

那个领一千的，也来说："主啊，我知道你是严厉的人，没有种的地方要收割，没有散的地方要聚敛。我就害怕，去把你的一千银子埋藏在地里。请看，你的原银在这里。"主人回答说："你这又恶又懒

的仆人,你既知道我没有种的地方要收割,没有散的地方要聚敛。就当把我的银子放给兑换银钱的人,到我来的时候,可以连本带利收回。"于是夺过他的一千银子,给了那有一万的仆人。

后来,人们把社会存在的贫富分化、收入分配不公等各种社会不公平、不公正的现象称为"马太效应"。

1968年,美国科学史研究者罗伯特·莫顿首次用"马太效应"来描述这种社会心理现象,归纳为:任何个人、群体或地区,一旦在某一方面(金钱、名誉、地位等)获得进步或成功,就会产生一种积累优势,就会有更多的机会取得更大的进步和成功。

其实中国的《道德经·七十七章》早有类似的总结:"天之道,损有余而补不足;人之道则不然,损不足以奉有余。"可见,老子看明白得更早,也更透彻,顺便把坏处也指明了。

墨菲定律启悟

> 凡有的,还要加给他叫他多余;没有的,连他所有的也要夺过来。

这种墨菲定律是一个普遍的现象,并不是哪一个时代的特定产物,只不过在不同的时期,人们的这种现象表现的强度不一样。总体上来说,在一个很长的时期内,生产力越发达,社会资源越丰富,资源占有的差距就会越大,这种现象表现得就会越突出,当然这段很长时期的前提是社会是以私有制为基础的。

这条墨菲定律揭示了一个不断增长个人和组织资源的需求原理,关系到个人事业成功和生活幸福,因此它是影响组织发展和个人成功的一个重要法则。

所以,我们要积极进行本体积累,扩大自我的扩张,不断加强本体的良性因素,尽早进入强者之林。

第十一章　墨菲定律之十一：你所看到的，有可能只是假象

商店越少，商品和服务的质量就越差

如果我们到了某个店少人多的地方，比如车站、码头、机场或者前不着村后不着店的加油站服务点，就如墨菲定律所描述的，我们的"上帝"资格突然就会不见了：售货员没有笑脸，说话一点都不客气，而且我们买到的商品质量不怎么样，但价格却不便宜。如果这个地方只有一家特许经营的商店，东西贵得更是让你心痛。

缺乏竞争的结果就是这样，商家不会想着提高商品和服务的质量，反而想着如何找借口涨价，有时连借口都懒得找。

竞争可以提高服务质量，让消费者用更少的钱获得更好或者更多的消费和服务。在自由竞争的情况下，某种货物，你卖五美元一个，你的同行如果卖四美元，而如果你的货物在质量方面再没有绝对优势，那么你的五美元货物就很难卖掉，最后只有关门大吉了。但如果没有竞争，也就是说没有别的商店和你抢生意，"只此一家，别无分店"，你就可以高价出售，根本就不用操心自己的商品有没有优势，还可以根据自己的心情对待所谓的上帝。没有销路不畅的绝对顺利环境下，你不需要想这些。

竞争能使商家提升自身的产品质量与服务质量，当产品无明显区别时，提高自身的售后

墨菲定律启悟

如果只有一家特许商店，价格就会贵得离谱。

服务来增加顾客回头率；不断开发新产品来满足日益增长的消费需求；努力开发新的市场与新的顾客能让市场经济更为繁荣。

良性竞争能让市场有秩序的开展，新科技、新技术不断创新。这样，社会才会繁荣，在正常的市场竞争中优胜劣汰，淘汰掉不创新、不能满足消费者需求的商家。

但是有些人反对竞争，利用各种媒体征讨所谓的"价格战"，他们忧心忡忡、痛心疾首、奔走呼吁、厉声指责、剖析解读、谈经论法。或许这些人是思想陈旧，但更多的原因恐怕是另有用意。

所以我们可以看到，坚决反对竞争的人当中，主要是"特许经营店"店主，还有被分成少数几家店的店主们。

专家就是在越来越窄的领域里知道得越来越多的人

随着社会的飞速发展，社会分工越来越细，专业化程度也越来越高。比如，光是化学就分为：有机化学、无机化学、物理化学、分析化学、高分子化学、放射化学、其他化学。这些类别中还有细分，比如物理化学分为十种：化学热力学、溶液的性质和溶液理论、结构化学、量子化学、磁化学、晶体化学、化学动力学、催化化学、热化学、光化学，其他化学更是包含近三十种细分的学科。即便是分到这种程度了，学术界仍然在进一步细分。

细分程度越高，也就意味着研究的领域越狭窄。如墨菲定律所言，那些在越来越狭窄的领域里的专家，对我们或了解或不了解的领域里知道得越来越多。每个专家都用自己的专业术语把我们搞晕。

尽管如此，真正的专家要经过一段时间的刻苦钻研，然后才可以精通专门的一家学问，能为社会做出很大的贡献，是值得我们尊敬的。但在有些地方，也有一些伪专家，他们打着专家的旗号，却不做专家该做的事，总是不用科学的方法和事实来说明问题，为了迎合一部分人的需求，而不顾事实地发表自己高论，误导大众，毁了专家的名誉。

> **墨菲定律启悟**
>
> 每种专业都用自己的语言说事儿，显然你即便拿着罗赛塔石碑语言学习软件也不管用。

事后聪明绝对是一种学问

社会心理学家研究发现，有一种普遍存在于人群之中的心理现象——事后聪明式偏见。在这种心理现象的作用下，你会感知到大量自己早已知道的后果，并会归功于自己的聪颖智慧。而实际上，我们往往是得到可信的结论或知道结果之后才想起来的。

例如，在某个熟人家的孩子考上名校时，很多人说："这孩子是我看着长大的，我就知道他会有出息！"因为某种原因，某位自己曾经认识的人锒铛入狱，坊间忽然涌现大量义愤填膺的人："我早就看出来这家伙不是什么好东西！"在股市震荡发生以后，大多数评论员对此并不感到意外："该是整顿市场的时候了。"

很多事后聪明并不能给别人带来好处，有的甚至完全是妄自尊大的嘲讽，所以，事后聪明常常仍人讨厌。

但积极的事后聪明不是高估自己的智慧和能力，更不是说风凉话，

> **墨菲定律启悟**
>
> 当事情完结之后，自然一切都好办。

而应该是一种归纳、总结、反思和提高。这样的事后聪明不仅不容易，而且还能像墨菲定律所说，成为一种学问。

事前聪明固然好，但人的能力是有限的，正所谓"智者千虑，必有一失。"谁也无法每次都料事如神。既然做不到时时处处洞察天机，做个后知后觉的"事后诸葛亮"也不错，能够说出个丁三卯四的"道道"来，分析过去、总结教训、指导将来，终不失珍弥，这能启示人们对于未来的正确把握，至少警示人们少犯或是不再重犯以往犯过的类似的错误。

第十二章　墨菲定律之十二：

你越是想快一点，越是会慢下来

墨|菲|定|律|启|示|录

事情都在瞬间出错,却只能渐渐好转

生活中我们会发现,很多事情出错总是在一瞬间,并造成很大的危害;而要想消除这种危害使情况好转,却需要费很大的力气,而且需要很长时间。

其实,这种墨菲定律是人们的错觉。实际上很多错误并非突然来的,而是在不好的习惯日积月累下才有了出错的基础。

中国有句俗话:"病来如山倒,病去如抽丝。"其含义与这条墨菲定律不谋而合。

人的身体由强变弱,直到生病,是一个缓慢的渐进的过程,但是这个过程中人是不自知的。人的体质在不良的生活方式的作用下逐渐向坏的方向发展,当人感受到身体的异样,被确诊为病变时,身体状况往往已经发展到相当差的程度,而且仍然处于加速恶化的过程当中。而人在时间感知上,好象不久前自我感觉"依然良好",而得出"病来如山倒"的结论。

由于病变是在一个相对较长的时段内,一个作用趋势持续作用积累的结果,所以医治的过程也不会"立竿见影",必须查明病因对症施治,使原来的趋势向完全相反的方向发展。这是一个先遏止坏的趋势,减缓其发展速度,

墨菲定律启悟

问题积累时熟视无睹,爆发时却异常惊诧。

直至停止发展，巩固之后使身体向好的方向发展的过程；要恢复"健康"的状态，还要配合饮食、锻炼等措施，也是一个渐进的过程，所以人们的感觉是"病去如抽丝"。

可以看出，无论是病来、病去，还是出错、好转，都是两个方向相反的作用产生的趋势发展的过程，都是连续的渐进过程。

所以，我们平时要防患于未然，避免出错和"病来"；如果我们已经有了坏习惯或疾病，则必须长久地、锲而不舍地努力，循序渐进地消除。

抄近路是两点之间最长的距离

"两点之间直线最短"是几何学的公理。然而在现实中，从自己这个点，到目标那个点，绝大多数情况下无法直线到达。所以墨菲定律提醒大家，如果总想着抄近路、走捷径，不仅难以快速到达，反而要花更多的时间。

几个朋友一起去山上游玩，下山的时候，面前出现一条羊肠小道，像是山民常走的捷径。大家很高兴，决定沿此道尽快下山，远远地就看到山下的停车场，果然是条捷径！

正当大家庆幸时，眼前出现一道断崖，而捷径在此一拐，伸向远方的一座小山村，大家一筹莫展只得先向山村方向走，中途再踏上另一条小道，曲曲弯弯地。没想到后来迷了路，被困在峭壁悬崖边无法下山，最后只得报警。

当救助人员赶赴现场时，它们已经被困六个小时，冻得抱在一起发抖。等他们被领到停车场的时候，已经是凌晨——他们本来在太阳落山前就可以走到停车场的。

人总是想走捷径，即使吃了亏都很难彻底改变。这是人类的惰性和自作聪明使然。特别是如今这个讲效益、讲速度的时代，社会的发展和变化可以说是日新月异、一日千里，人们比以往任何时候都更想快速达到目的。

比如，汽车的普及已为人们节省了大量时间，但有些人并不满足，还想着抄近路、走小路省点时间，结果常常在陌生的地方迷路，绕来绕去走了许多冤枉路。

有人可能会说，我有导航，怎么会迷路？

> **墨菲定律启悟**
> 越是贪图快速的，就越会花更多时间。

没错，导航大约能确保你不迷路，但无法保证你不堵车，更不能保证你不遇到事故。在小路上遇到堵塞和交通事故的概率很高，往往会让费更多的时间。使所抄的近路变成两点之间最长的距离。

不仅是走路和开车，很多人在追求理想的过程中也总想抄近路、挣快钱。巴尔扎克的小说《幻灭》的主人公吕西安就是这类人。吕西安聪明，有才华，但是自私、虚荣，野心很大而又意志薄弱，总想抄近路一步登天，没有毅力在真学问上下功夫，最终经不起浮华世界的引诱走向了堕落。

当然，找捷径不是不可以，但要对该事物或目前所要解决的问题，有一个全面的分析，否则，盲目地走捷径，反而会踏上弯路。

有时候，快就是慢，慢就是快

墨菲定律就是这样，好像在跟人作对，你越急于求成，很想快速完成，结果就越发缓慢；而如果你慢下来，结果反而能快点达到目的。

毛竹的生长过程，就折射出"慢就是快"所蕴含的哲理。毛竹是一种多年生的高大乔木，广泛分布于中亚热带。毛竹有一个很特别的地方，就是在栽种后的最初五年中，它就像一件塑料制品，你根本看不到它的生长，即使生存环境十分理想也同样如此。但是只要五年一过，它就会像被施了魔法一样，开始以每天两英尺的速度急速生长，并在六个星期之内长到90英尺的高度。当然，这个世界上是没有魔法的，毛竹的快速生长所依赖的是长达几英里的根系。其实，早先看上去默默无闻的它一直都在悄悄地壮大自己的根系，毛竹用五年的时间武装了自己，最终创造了自己的神话。

不论是生活、学习、抑或是人生事业追求，有了慢的积累，有了慢的思考，人生才能真正快起来。

大凡做事都有做事的规律，办事都有办事的原则，什么事情都是相辅相成、相扶相助的。但往往事情都有一面相反性和逆性反叛，如果图快，就慢了。

有一个故事，讲的是一个商人挑了一担行李，往城里赶，途中他向一个老者打听能否在城门关闭之前进城。那老者回答说，如果你慢些走倒有可能赶进去，如果你走得太着急则有可能进不了城。商人心里暗笑老者是老糊涂了，脚下不由得加快了步伐。结果，因走得太快被绊一跤，担绳断了，货物洒了一地，只得停下来捡回货物，重整担子再上路。结果赶到城下时，城门刚刚关闭。商人恍然大悟，如果慢点走倒真的是有可能赶进城的。

> **墨菲定律启悟**
> 越是着急，越是做不好事情。

从长时期来看，高速度往往不一定能带来高效率，结果很可能是"欲速则不达"。实践证明，真正的高效率是长期保持一种稳定的合理速度和节奏。如果处处很急切，很着急，很想快速达到目的，匆匆忙忙，心太急切、慌张，看似是很积极，很讲效率，但结果必然是忙中出错，快中出错，结果反而是慢。

墨菲定律还描述了这样一种现象：慌慌张张跑向电车却发现方向

不对。

的确，你越想赶时间，越容易耽误时间。我们在生活中难免会遇到赶时间的时候，如果太心急，就会做事慌张，方向不清，甚至会出现南辕北辙的情况，本来想快，结果却慢了。

从物理学角度看，快意味着效率；从经济学角度看，快应该带来效用。如果只有速度没有效率和效用，快将有百害而无一利。

调查发现，90%以上的交通事故源自一个"快"字，很多人想以急忙赶路，高速行驶，一时图"快"酿成大错，不仅没有达到"快"的目的，相反却"慢"了。更有甚者，车毁人亡，不仅"慢"，而且永远"停"了。

"慢"并不是让我们在做事中磨时间、做事无效率，而要有条不紊地去做。人的体能和思维有一定的限度，为了避免因快出错，甚至铸成大错，还是不要太急切吧。

排队时，别的队总是比你这队动得快

日常生活中存在大量排队，如到车站购票，到银行办事，在超市结账等。在排队时，如墨菲定律我们常会有类似的感受：感觉自己的这队动得很慢，而旁边的那队动得比较快，但当你离开这队，到了刚才动得快的那队后，又发现原来动得慢的队伍现在动得快了。于是你变聪明了，决定冲向短队，结果发现它突然变成了长队。沮丧的你又回到原来的那一队，没想到大家很生气，说你搞乱了几排队伍，太没素质……

　　是因为自己太倒霉了吗？其实不是，主要是你没有搞清楚其中的原因。下面我们以在超市排队结账为例来说明。

　　从概率上来说，实际上每排队伍的结算总速度都是大致相当的（如果你去超市资料室查看每天的结账记录，就会发现每个收银台的速度相差很小）。假设超市有10个收银台正在收银，由于所有要结账的顾客都会去相对短的队伍排队，所以10个队伍的长度会保持动态的相对相等。但是，每个队伍都有可能发生意外：某位顾客买的东西非常多，或某位顾客的银行卡出了问题，或现金支付的顾客多导致找零困难，或收银员和某位顾客产生了争执，等等。这些情况每个队伍都可能发生，所以，每个队伍总是有时候快、有时候慢。在你排队结账的这个时间段，究竟哪个队动得最快是随机的。那么，你所排的那队动得最快的概率是多少呢？10%。也就是说，别的某一队比你这队动得快的概率是90%。

> **墨菲定律启悟**
>
> 当你离开慢队，排到快队后，慢队会变快，快队则会变慢。

　　因此，除非你碰巧排到了最快的那一队，90%的情况下你会觉得自己的这队动得慢，因为人们总是把自己这队与最快的那队去比，而不是与更慢的队伍比。而"得到后就觉得不好了"的心理，也会使人换了队伍而后悔。

　　那么，有没有办法选择动得快的队伍呢？还是有一点技巧的，最可靠的办法是排队前先观察一哪一队的顾客所购买的商品总数相对最少，商品越少，结账速度越快，那就是比较快的那一列了。至于其他的意外情况，我们很难预知，花时间调查或换来换去不仅没有帮助，还会多花时间。

第十二章　墨菲定律之十二：你越是想快一点，越是会慢下来

你旁边的车道总是比你这条走得快些

经常开车的人会对这条墨菲定律体会颇深。的确，如果遇上堵车，你会发现旁边车道的车开的比自己的车道快，然后忍不住并过去了，心想变道后肯定能快些。但墨菲定律会让你事与愿违，你会发现原先车道的车速变得又比这边快了。于是你又想变不变道，当你真的又变道的时候，相同的事情又发生了……到最后，你会发现，大多数时候是差不多快，甚至更慢。

> **墨菲定律启悟**
>
> 开车的人最反感的就是堵车，最喜欢的是变道。

这还是小事，如果变道没注意后面的车，很容易引来谩骂，进而发生争执；或别人故意不让硬插进来，造成事故，干脆没法走了。

其实开车和买股票一样，频繁地切换，常常不能让自己增加收益，更大的可能是会给带来损失。

专门制造环球位系统的TomTom公司2013年做了一项调查，结果显示，司机变道不但不会为他们节省时间，反而会令他们的通勤时间增加。这项调查指出，变道的方法最多的时候会增加他们一半的通勤时间。

所以，我们都多点耐心吧。

墨|菲|定|律|启|示|录

你等的那班公交车总是不来

乘坐公交车出行，绿色环保又实惠，虽说没有自己开车快捷、舒适，至少可以少操心、少花钱。

但等公交车真是一件劳心又劳力的事情，相信经常坐公交车的人都被墨菲先生捉弄过，如：你赶到公交车站，先来的总是别的公交车，而且连续不断一再逗留，而真正想坐的，却怎样也等不到，你越是急，你需要的那班公

> **墨菲定律启悟**
> 乘公交的时候自己越着急越堵车。

交车就越是不来；总是晚点的公交，偏偏在你晚来的时候准点到来。当然，假如哪天你换坐另一路车，姗姗来迟的又换成了你现在要坐的车。

关于公交车的墨菲定律还在继续。

如果要去的目的地不远，时间也不紧迫，等了好久的公交车都没来，你就会失去耐心，心想等这么久的，走路都能到了。于是你放弃了等待，边走边回头，直到失望地专心走路时，你会突然发现，你等的那路公交车从你身旁呼啸而过，而且还可能是好几辆，而你正处于两站的中间地带，无论怎样都赶不上了。或者，你左等右等的车不来，于是去了一趟公厕，等你回来时，你曾苦苦等待的那班公交车刚好驶离了公交站。

第十二章　墨菲定律之十二：你越是想快一点，越是会慢下来

如果你要去的地方很远，又很赶时间，漫长而焦急的等待使你决定破费一次找辆出租车，但此时你会发现，街上所有的出租车不是有客就是对你视而不见。你很纳闷，为什么平时不需要租车的时候有那么多空车在周围晃悠？有的出租车司机还死乞白赖地游说你上车，现在那些该死的出租车都跑哪去了？后来，你好不容易拦了一辆出租车，刚上去没开多远，公交缓缓在后面驶来……

这一切看上去是不是像是一场居心叵测的恶作剧？其实不是那么回事。一个站停靠多路车，别的车先来、多来都是大概率事件，不耐烦使我们对时间的感受也出现偏差，而这种感受则在无形中加深了记忆。反之，很顺溜地上车，反倒记不住了。提早出门，老实等车，多点耐心，也就没那么多抱怨了。

等人等得不耐烦，去一趟洗手间，那家伙没准就到了

等人是一件很容让人不耐烦的事，特别是你一向守时而你等的那个人却迟到，你会更不耐烦。你会时而看表，时而张望，随着时间一分钟一分钟地过去，你"怒从心头起，恶向胆边生"，心头不断浮现你的"守时守信"标准，还想起一堆大道理，直至你

> **墨菲定律启悟**
>
> 如果你等一个迟到的人等得不耐烦时，就到洗手间方便一下，那家伙准会趁这段时间到达。

的不满占领你的面庞和嘴巴，你甚至想一走了之，或者与此人决裂。

但是，有些人我们非等不可，你也不能与每个迟到的朋友或客户决裂。在现代社会，迟到是在所难免的，即使你觉得自己总是守时，那也只是你自己的感觉罢了，如果你找不到自己迟到的事件，别人一定能帮你找到。

等别人时，会觉得时间很长，有时还会觉得对方不可原谅，但被等的人却常常不这么觉得。如果你好不容易等来了人，却面带怒容，或者忍不住说教一番，这次约见被搞砸是可以预见的。

所以，我们最好听从这条墨菲定律的建议，不要把自己看得太重要了，耐心一点，转移一下注意力，去一趟卫生间，或者看看书，玩玩手机什么的，那家伙说不定就到了。美国前总统布什，在等人不耐烦时就跳舞解闷。我们比总统还忙、还重要吗？

一分钟有多长？这要看你是蹲在厕所里还是等在厕所外

人真的很奇怪，不同的立场有不同的感受。这一点在公共厕所可以得到最好的证明：对于等在厕所外面的人来说，一分钟可能比一年还长；而对于蹲在厕所里面的人来说，一分钟根本算不上时间，有的人在里面蹲二十分钟也不觉得长。

人总是在自己遇到麻烦的时候强烈希望和要求别人理解自己，而在自己没遇到麻烦或麻烦已得到解决的时候忘了理解别人。

人也总是在时间充足的时候不尽早把必须办的事情办掉,而要拖延到最后一刻,直到不得不办的时候才手忙脚乱地去办,还满腹牢骚,怨天尤人。

那么,当我们蹲在厕所里面的时候,就多理解等在外面的人的煎熬吧,毕竟谁都有内急的时候,能解决一下问题就可以了,回到家再悠然悠然地蹲吧。

当我们在厕所外急得跳舞的时候,记住此时的感受吧,有的事情早办一点能减少很多麻烦和尴尬。

> **墨菲定律启悟**
>
> 所处的立场不同,看法不同,感受也不同。

当然,我们还要注意保暖和饮食卫生,否则,闹起肚子来早办就不能解决问题了,而且一分钟都难熬过去。

快乐的时光总是显得很短暂

时钟上的秒针每次都走固定的距离,但墨菲定律让我们体验到,我们对时间的感知却并不一致。当我们在排队,在等人,或在公厕外急得团团转时,时间总是显得很漫长;而当我们的注意力被引人入胜的事物(例如与一个非常心动的异性相处)吸引时,我们就会失去时间感。

心理学家研究发现,这是由于大脑在处理时间流逝时使用不同的方法导致的结果。心理学家解释,经历美好时光时,大脑被新鲜记忆填满,感觉时间受到压缩。学会利用时间的分布可以让我们的生活更加充实,也会让人们随着年龄增加忆起往事时,觉得日子过得飞快。

美国心理学家最近发现,"快乐时光终觉短"的逆命题"觉时间短必快乐"依然成立。

研究人员让实验对象挑选自己喜欢的歌听,同时用钟表为他们显示歌曲播放时间。不过每块表都被研究人员事先悄悄做过手脚,不是稍快就是稍慢。

结果显示:那些误认为时间过得很快的人比其他人对歌曲的评价更高。

在另一个试验中,研究人员给实验对象播放难听的声音,并告诉他们错误的时长。结果显示,感觉时间比被告知时间长的人觉得"实在厌恶这段声音"。"但那些觉得时间过得很快的人只是觉得稍微有点不喜欢。"

为什么会这样呢?因为,当人们发现时间过得很快时,会想当然地认为一定是由于这段时间比较快乐。

> **墨菲定律启悟**
>
> 你和一个美女坐着聊天,两个小时和两分钟一样;把你放在火上烤,两分钟和两小时一样。

第十二章 墨菲定律之十二：你越是想快一点，越是会慢下来

当你老了，你的生命就加速了

随着年龄的增长，人们会感到时间过得越来越快，和孩提时代相比，一年的时间，还没怎么样就没有了，甚至觉得三年五年都在眨眼间过去了。

这种墨菲定律是怎样发生的？有什么科学的解释吗？目前，科学家们对此有三种理论：

第一种理论是从人的生理变化上来解释。随着人年纪的增长，人的大脑时钟渐渐放慢了，感觉时间过得快。

第二种理论是从时间在人的一生中所占的比例上来解释。对5岁的孩子来说，1年就已经是生命长度的1/5，而当你50岁时，一年就是你生命的1/50，年龄越大，一年的相对时间感就会越短。

第三种理论是从"记忆次数"解释的。美国本土第一位心理学家威廉·詹姆斯称，人们用"第一次"来衡量时间，例如初吻、第一天上学等，但成年后这些初体验越来越少，生活变得平淡无奇，日子过得越来越空洞。

日本心理学家扩展了詹姆斯的理论，认为人们用一段时间内记得的事情数量来衡量时间流逝的速度。在童年时代，我们对所有的事情都感到新奇，大脑频频

> **墨菲定律启悟**
> 年纪越大，时间过得越快。

发出"记忆"指令，所以我们小时候就总是感觉时间过得很慢。而等我们长大以后，特别是老了的时候，什么事情都经历过了，生活中缺少新鲜事物，所以感觉时间过得特别快。

当你有时间出游时你没钱，等有钱时你就没时间

旅游是一种行走的快乐，它让人们告别了枯燥乏味的生活，在全新的环境，全新的状态中放松自己，感受快乐。

但旅游也是一种奢侈的享受，它需要钱，也需要时间。而如墨菲定律所说"有钱没时间，有时间没钱"也是这个世界一个诡异的怪圈。

对大多数人来说，都是这样的，仿佛鱼和熊掌，总是难以兼得。而当钱与时间同时拥有的时候，我们可能韶华已逝，青春不在。

如果以时间与金钱的拥有状况进行区分，人生大体可以分为四个阶段：没钱有时间、没钱没时间、有钱没时间、有钱有时间但是已经老了。当然，这里讲的是普遍规律，而不包含特例。这世间原本就没有十全十美，四个阶段都有不足和缺憾。也许，这才是人生的真实。

当然，如果特别想旅游，想到一定程度，钱和时间就都不是问题了，钱少可以和朋友自助游，选择不要钱的地方去踏青；时间不够的时候可以选择近一点的地方，带上自己的爱人、孩子、父母，度过一个愉快的假期。问题是，在大多数人的心目中，旅游并没有重要到那种程度。

第十二章　墨菲定律之十二：你越是想快一点，越是会慢下来

每件事总比你估计的要多花点时间

现实中我们都有这样的经历：无论是别人交代给我们的工作，还是我们自己计划做某事，常常像墨菲定律所说，要么延期完成，要么在最后一刻才完成，很少有提前做完的。

这条墨菲定律可以用帕肯森定律解释：工作总是拖延到它所能够允许最迟完成的那一天。也就是说，如果工作允许拖延、推迟完成的话，往往这个工作总是推迟

> **墨菲定律启悟**
> 没什么东西可以按计划或预算内完成的。

到它能够最迟完成的那一天，很少有提前完成的。大多数情况下，都是延期，或者是勉强按期完成任务。

这也许来源于学生综合症。

在学生时代，经常会碰到这样一种现象，老师在课堂上布置一个作业，比如要提交一篇论文，通常一个月时间可以完成，但往往学生要求两个月再交，也就是说在时间估算的时候通常会增加一个隐藏的裕量，或者是安全裕量。本来是一个月可以完成的工作，但学生请求老师允许两个月完成。如果老师同意学生的要求，答应学生们在两个月之后再交报告，结果会什么样？

在多数情况下，学生可能选在第二个月开始的时候开始写这份报告。也就是说第一个月把空闲时间安排去做其他事情，从第二个月才

开始写。可能还有部分同学在第一个月时间过去之后，也没有开始行动，而是又拖延一天，两天，甚至二十天，这样一来，Ta的论文就不可能如期完成，即使靠加班加点如期完成也严重影响了质量。

很多人把这种习惯带到后来的工作和生活中，所以几乎每件事的完成总比估计的时间晚。

没有时间做好，但总有时间返工

很多人都有做事拖延的毛病，直到最后关头才匆匆忙忙地去做。由于事情是在短时间内"赶完"的，质量往往不过关。但说起来时，有人还振振有词，说是"没时间做好"。

于是，返工重做一遍。

墨菲定律认为，人性本身是放纵、散漫的，表现就是对目标的坚持、时间的控制等做得不到位，事情不能按时按质完成。如果拖延已开始影响工作的质量时，就会蜕变成一种自我怠误的形式。当一个人肆意拖延某件事、花大把大把的时间返工时，Ta就在坏习惯中愈陷愈深。

任何事情如果没有时间限定，就如同开了一张空头支票。只有懂得用时间给自己压力，到时才能完成。 所以我

> **墨菲定律启悟**
>
> 从没时间做对事情，却总有时间重做一遍。

们最好制定每日的工作时间进度表，记下事情，定下期限。每天都有目标，也都有结果，日清日新。

现实中有太多的人，没有时间观念，也没有精益求精的做事态度，结果是轻则自己不得不手忙脚乱地改错，浪费大量的时间和精力，重则返工检讨，给别人也造成了损失。

因此，我们要制定好计划，并严格执行，一次就把事情做好。

第一次没做好，同时也就浪费了没做好事情的时间，返工的浪费最冤枉。第二次才把事情做好，既不快、也不便宜。

小草生而不择肥瘠，长而步步为营，只要坚持走好每一步，就能染绿荒原；积雪融而溪流淙淙，流而不避劳苦，只要坚持流好每一程，就能奔流入海。第一次把事情做好，代价最小，收效最大；第一次把事情做好，是一个人做人做事的哲学，是一个人实现事业成功和人生幸福的重要方法。

你总是难以避免别人成为你的时间主人

在实际工作和生活中，一个很让人烦恼的墨菲定律就是：我们总是难以避免别人成为你的时间主人。什么意思呢？就是说我们总是被打断，这种打断不是来自于事情，而是来自于他人。每个人都有这样的苦恼。

我们要关心别人，但这并不等于可以随随便便地卷入别人的工作和生活。每个人都有自己的计划，如果你的时间与别人的时间客串，帮别人做 Ta 自己可以做的事情，你的时间就会白白浪费。

可是生活和工作中的打扰无处不在，电话、来访、邮件等等，甚至有不少人对打扰提出了抱怨，关起门来并示意"请勿打扰"的牌子。可是即便是这样，还是无法避免。

那么究竟怎样做才是我们的可取之道呢？——有效的策略是将被打扰的时间缩短，将其负面影响减少。

想想为什么你的中断情形无法受控：你不喜欢得罪他人？你喜欢参与每一件事？别人经常来询问你的意见，使你觉得自己很重要？你不善于结束他人的来访？你让别人习惯于经常咨询你的意见？你就是喜欢不断地和他人交谈？

如果你让这些现象一直持续下去，你最后终究会越来越忙，直至疲惫不堪。

练习一下，看看你接没接烫手的山芋：

- 你做没做他人的他自己能做的事情？
- 你做没做他人的你做不好的事情？
- 你做没做他人的不欢迎你做的事情？
- 你做没做他人的影响你重大目标实现的事情？

检查一下，如果你有类似行为，请马上放弃。

第十三章　墨菲定律之十三：
生活的秘密往往不在意料中

每次剪了指甲没多久，就有用得着它们的地方

年幼时，我们贪玩，手不停歇，常常弄得脏兮兮的，指甲里更是藏污纳垢。这也就罢了，偏偏每个小孩都喜欢把手放到嘴里又吮又咬，于是，大人们软硬兼施地给我们剪了指甲，为的是防止病从口入。

少年时，我们好动也好斗，稍不留神会伤到自己，更会"不小心"把别人搞得伤痕累累，流血感染，给家长和老师添麻烦。于是，父母、师长一遍遍地教育我们要团结同学，要讲卫生，要勤剪指甲。长期下来，我们终于养成了剪指甲的习惯。

可是问题来了，我们每次剪指甲之后，都会发现要用到它们。而没剪的时候，我们都觉得指甲根本没一点用处。

人就是这样，使用某种东西的时候并不觉得这种东西有用，而一旦这种东西不在了，或暂时无法使用，就会发现很需要它。比如，墨菲定律还说"你的手越脏，脸上越容易痒"、"越痒的地方越挠不到"，都是同样的道理。

就指甲来说，它是区别包括人类在内的灵长类动物和其他动物的诸多特征之一。它们本来就是变平了的爪子，是工具和武器。人的指甲虽然不像其他动物的爪子那么用途广泛了，但仍然有着其特定的功能，它们能协助手抓、解、挟、捏、挤等，而且它还有"盾牌"作用，能保护末节指腹免受损伤。

从指甲的功能可以看出，我们总有用到指甲的时候，只是没剪的时候我们没注意到罢了，一旦剪掉，再要用到却没有了的时候才引起我们的注意。

有没有办法解决这个问题呢？当然是有的：一是剪指甲的时候留两个别剪，作为备用；二是依旧全部剪完，要用指甲的时候找别人帮忙。这个是玩笑。

其实，生活中类似的现象还有很多，正如墨菲定律揭示的，东西拥有太久你就会觉得没用，于是你会扔掉，结果一扔掉就会需要。

> **墨菲定律启悟**
>
> 凡事扔掉的东西，一旦找不回来，马上就会需要。

任何事物都具有两面性。你若用辩证的思维去看待世间万物，有用与无用都是相对的。所以，我们在生活中要考虑周全，避免在用得着某种东西的时候又后悔扔掉了它。

动用剪刀前，先量两次，因为你只能剪一次

生活中，我们经常会用到剪刀，用它来剪绳子、剪纸张、剪布匹、剪电线、剪刘海、剪指甲。剪东西时，如果我们事先没有量好就匆忙动用剪刀，往往会把东西剪坏，甚至使自己受伤。

墨菲定律告诉我们，人是容易犯错的动物。我们要想把一件事做对，就需要做好充分准备，尽量避免出现差错。尤其像动用剪刀这种事，一旦剪下去，往往就没有第二次机会了。

生活中，有很多事情只有一次机会，如果不能第一次就做对，就再也没有第二次机会了。对于这样的事情，我们要"先量两次"，制定好计划，做好充分的准备。虽然这样费时费力费精神，但总比做错了后悔要好得多。

为了得到一个最令你满意的结果，我们不得不在行动之前，把所有导致既定结果的方法和途径都考虑进去，并为之做好充分的准备。考虑不周全、缺乏充分准备，会让事情陷入无序，让人面临失败的危险。一个缺乏准备的人，一定是一个差错不断的人，纵然Ta具有超强的能力，千载难逢的机会，也不能保证Ta获得成功。

好的结果源于好的细节，而好的细节源于周全的计划和准备。《孙子》中说："多算胜，少算不胜，由此观之，胜负见矣。"这里的"算"就是事前充分的计划和准备。

其实，即使做成一件事有很多此机会，如果我们能把它当成只有一次机会的事情来对待，成功的可能性也会大大提升。

鲍格丹诺夫出生不久，便被父母抛弃了，后来他被人收养。按照古老的俄国风俗，他得到了"鲍格丹诺夫"这个姓名，意即"上帝赐予的"。

后来，有一个射击教练发现鲍格丹诺夫坐在台阶上目光久久地注视着一个方向，便认为他有射击方面的天赋，于是亲自培养他。但是很快，教练便失望了，当鲍格丹诺夫说出自己的身世后，教练这才知道，鲍格丹诺夫久久注视一个方向不是精力专注，而是失魂落魄，他是在发呆。

但是这位教练没有放弃对鲍格丹诺夫的培养，他每天让鲍格丹诺夫练三百发子弹，对他进行强化训练，但并没有什么起色。一天，教练把鲍格丹诺夫带到训练场上，这次，他只给了鲍格丹诺夫一发子弹,并对他说:今天你只有一次机会,如果射不中靶心,就不准走出训练场。

鲍格丹诺夫默然半晌,才把子弹推进枪膛,端起枪,但又放下了;然后慢慢端起,又放下,不敢随意射出这发子弹。最后,他凝神看着目标足足有10分钟才扣动了扳机。"嘭"的一声射中靶心。

教练欣慰地笑了,之后教练每天只给鲍格丹诺夫一次射击的机会,如果射不中靶心,就要不停地练习射击的动作。

在1952年的第15届奥运会上,鲍格丹诺夫并没有因为第一次参加奥运会比赛而怯场,反倒发挥出色,获得了大口径步枪300米3×40金牌(1123分),成为第一个获奥运会冠军的苏联射手,开创了他在世界大赛上优异表现的新纪元。后来,他屡次创造自选步枪射击的世界纪录,获得了前苏联政府授予的列宁勋章。

可见,一件事不管是否只有一次机会,如果我们能正确运用墨菲定律,做事时把每次行动都视为唯一的机会,就不会随意"射出子弹",这样我们才会认认真真地计划和准备,我们本身的技艺也会得到快速的提高。

偏偏带伞的那一天没下雨

生活就是这样:你为某事的发生做了N久的准备,但这事儿就是不发生。当你认定这事儿肯定不会发生了,所有准备都撤了,墨菲先生突然显灵，这事儿就发生了。

从小到大，莫妮卡都听到家长和老师提醒她：看天气预报，带着雨伞。

墨菲定律启悟
> 不带伞时，偏偏下雨；带了伞时，偏不下雨。

前几天，莫妮卡看到天气预报上说有雨，为了不变成落汤鸡，她每天都带伞。她盼望来一场暴雨，让空气清爽，也让同事们看到她有多英明……

可是天意弄人，带了N多天，也没遇上下雨。莫妮卡有点失望，包里背着雨伞上下班也怪沉的。终于，某天的艳阳高照让她下定决心，放心地把伞放在了家里。

下午下班，莫妮卡刚从办公室出来，就发现天气极其不对劲，狂风大作，似有拔树而起之势。莫妮卡赶紧加快脚步，希望在大雨下来之前赶到家。可是还没跑多远，那雨稀里哗啦，倾盆而下，她终究还是成了落汤鸡，病了一场。

莫妮卡很倒霉吗？是，也不是。因为像她这样被墨菲定律捉弄的人是大多数。

事物的发展有必然性，也有偶然性，有一些突发的偶然事件是人们始料不及的。"天有不测风云"，说的就是这种情况。这种意料之外的事往往会使人陷入尴

尬。因此，我们做事应该未雨绸缪，以免事变发生之后手忙脚乱。

不过，未雨绸缪说起来轻松，做起来可没那么容易。尽管目前气象学家对24小时内的天气预报的准确率达到了80%，但在世界上大部分地区，任何一小时内不下雨的机会通常都是下雨机会的10倍。这就意味着，你怕下雨而出门带伞往往是白费劲。所以，对于有些事儿，尤其是人人都可能被雨淋这种事儿，我们要看淡一点，不要总惦记着自己是高明还是倒霉。

当然，不能完全避免淋雨并不代表无法减少淋雨，比如，如果你是一个上班族，那就在家里和办公室都备着雨伞，这样既避免了来回背着雨伞的负担，又能在一定程度上减少被淋。

找东西时，找到的往往不是正想找的东西

我们每个人都会有找不着东西的时候。在找的时候，头脑里可能还有点大概印象，然后匆匆地去乱翻，却怎么也找不到。等你停下来，突然发现要找的东西就在最显眼的地方，甚至就在你手里或身上；或者，你手里身上和最明显的地方都没有，过几天你用不着它的时候，它自己却出来了……

这种情况很常见，表现形式也多种多样，墨菲定律对此有不少描述，比如：

· 你丢了什么东西，到处找遍，总要找到最后一个地方才找得着。

- 找东西要从想不到的地方找起。
- 东西总是在最显眼但你却不看的地方找到。
- 找东西，往往是找的到不是正想找的东西。
- 找东西最快的方法，就是去找别的东西。
- 找不到的东西在换了新东西以后就会奇迹般地再现。

这些现象让人抓狂，你不得不感叹墨菲定律的神奇。但感叹归感叹，有些东西确实急着要用，还是要找，有没有什么好办法使找东西变得容易些呢？

迈克尔·所罗门教授为解决找东西的难题，专门写了一本书，名叫《怎样找东西》，在书中他提出很多有参考价值的建议。

所罗门指出，首先"不要急于寻找，"而要静下心来想办法。翻箱倒柜、漫无目的地胡乱

墨菲定律启悟

在你丢了东西到处找不到并买了新的后，你就会找回原来丢了的那样。

折腾是错误的。常见的情况是"东西没有丢，丢失的是你正常的思维。"开始寻找之前，一定要心态平和，自信满满。不妨先坐下来喝杯茶，好好想想丢在哪儿，然后再开始找。盲目的恐慌会遮蔽我们的眼睛，使我们成为"睁眼瞎"，看不到要找的东西。如果再仔细地找一遍，也许就能找到，但不要总在同一个地方找。

所罗门说："东西经常会待在最初的地方，你是不是有存放东西的固定地点？先找那里，别让眼睛左右你的思维；万一没有，很可能在你最后一次使用完放置的地方。"

"有时东西只是放错了位置，并没有丢。据我观察，东西常在你认为的地方周围半米处，如果没有，它可能被某个物体盖住了，掀开遮蔽物，或者前后左右多走几步瞧瞧。"

第十三章　墨菲定律之十三：生活的秘密往往不在意料中

所罗门的办法确实有不少可取之处，不过，如果你筋疲力尽地翻遍所有的地方都没找到，还是相信墨菲定律吧。就算买了新东西之后也没有出现奇迹，那就是真丢了，接受这一点，然后继续自己的生活。

买完后你才会发现，别的店里更便宜

在生活中，大多数人买东西常常是有比较的，在经过反复对比后，同样的商品当然是选择价格最便宜的那个。不过，在没付钱时它是最便宜的，一旦付完钱，往往就如墨菲定律所说，你会发现别的地方更便宜。

其实这是必然的，因为如果你想找最便宜的，付钱的时候它实际上就是你当时认为最便宜的。

同一种商品在不同地方必然有价格上的差异，你能找到相对便宜的，但却很难找到最便宜的。最便宜的只有一个，但相对便宜的有若干个，从概率上来说，买到相对便宜的可能性要远远高于买到最便宜的那一个的可能性。

购物时货比三家是很必要的，如果付完账后还要货比三家，惟一的意义就是你下次去最便宜的那家去买，除此之外，只会增加自己的

> **墨菲定律启悟**
>
> 做生意的过程就是一个不断怂恿别人放松警惕，而自己保持高度警惕的过程。

烦恼，并浪费大量的时间。

实际上，有没有买到最便宜的东西并不重要，重要的是你买的这个东西你确实能用得上，而且物有所值。这比起贪便宜的盲目消费或购物时上当受骗，根本不是事儿。

每年11月第四个星期四是美国传统的感恩节，美国人通常在节后第一天开始大采购，这段时间，商家为了刺激市场，会推出前所未有的超低价的打折商品来吸引消费者。

2013年的感恩节，美国放假4天。某公司的上班族叶莲娜选择在感恩节假日时间，彻底放松身心，去抢购盯了好阵子的商品。

为了买到便宜货，商场一开门，叶莲娜便冲刺到事先侦查好的目标，把要买的东西抢到手。当时她觉得特别划算，42寸的夏普1080P的LED电视，原价499美元，现在只要卖199美元；两条LEE牌牛仔裤，一双Timberland黑色野外靴，两件DKNY上衣，一件皮衣服，而价格则是便宜得吓人：原价120美元的Timberland鞋只要60美元，原价55美元的牛仔裤当天只卖26美元，原价155美元的皮衣，打折后竟只要55美元。她真是乐坏了，一口气买了好多东西，直到拿不动为止。

回到家后，她向家人展示她的战利品。却发现羽绒服比之前看到的还贵了30美金；一套换季促销打折的套裙，胸前有一个小洞。等她返回商场去换裙子，发现虽然有她合意的花色，偏没她要的尺寸；有她合意的花色，也有她要的尺寸，偏就特别贵；花色、尺寸和价钱统统都合，偏偏在试衣间就绷线。最后她只好自认倒霉，扫兴而归。

像叶莲娜这样不理性消费，自以为捡了便宜，回来后经过一番鉴别，大呼上当者也不在少数。

打折绝不是天上掉馅饼。商家打折是为了促销所采用的一种营销手段，部分商家以便宜的价格处理劣质商品，并不是表面上看起来那样实惠。任何商家绝不会干赔本的买卖，有些手段不过是怂恿你放松警惕罢了。"让那些冤大头守住他们的钱财，是不义的举动"几乎是所有商家的理念。

所以，在购物之前要列好购物清单，尽量避免过度开支和冲动消费，在低价的诱惑面前，要看清楚货物质量，也不要因受打折的诱惑而去购买自己不需要的商品，以免造成不必要的损失。

蠢人的钱财到处都受欢迎

世界上大多数人有一个观念：有钱就有尊严。

其实这是一个很大的误解，别人之所以欢迎你，甚至对你毕恭毕敬，往往像墨菲定律所揭示的，只是对你的钱感兴趣，而不是对你这个人感兴趣。

也许你有这样的经历：在商场购物时，如果你表示出对价格高昂的商品有兴趣，销售员就对你笑脸相迎，即使你实际上并没有钱买；而如果你表示出对便宜东西感兴趣而不想买贵的，销售员的态度则截然不同，即使你身上揣满了钱。

在其他地方也是如此，比如在车行、银行，甚至在客户面前和亲朋好友面前，如果对方意识到能从你身上获得利益，可能就会欢迎你；如果只能从你这里获得很少的利益，或者无法获得利益甚至还可能会吃亏，对你往往就是另一种态度。

除去钱的因素，可以说任何人都不可能处处受欢迎，总有一些人喜欢你，也有一些人讨厌你。如果一个人想让自己四处受欢迎，必须当一个有钱的傻子才行。

在外界看来，巴菲特无疑是一位在投资方面充满睿智的人，可谓"前无古人，后无来者"。他的办公室墙上有这么一句话：只有有钱的傻子，才会四处广受欢迎。巴菲特也许希望以此提醒自己，不要掉进广受欢迎的虚荣陷阱。他的生活非常简单，食物就由汉堡和可乐构成，年轻时他只喝百事可乐，直到他买了可口可乐的股票，成为它的大股东之后，他才改喝可口可乐。

所以，当你再想着被所有人欢迎的时候，当别人对你热情有加的时候，当你想成为各种VIP会员的时候，不要被所谓的尊严冲昏了头脑，冷静一会儿，想想要不要充当一个有钱的蠢人。

> **墨菲定律启悟**
>
> 如果说VIP是一种等级，名牌是一种虚荣，天价是一种攀比，它们的目的是让你花钱；但即使你想要的东西都变成免费，真相一定是：免费只是为了让你花更多的钱。

保证60天不会出故障，等于保证第61天会坏掉

我们购买的每一种设备，一般都有一个质量保证期。这个保证期通常就是我们常说的保修期。

第十三章 墨菲定律之十三：生活的秘密往往不在意料中

细心的人会发现，自己购买的东西在保修期内往往很少出问题，可是一旦过了保修期，就如墨菲定律所说的，马上就会坏掉，即使是口碑特别好的厂家生产的东西也不例外，而且似乎他们算得还更为准确，说60天不出问题，第61天就问题。

分期付款的设备也是如此，比如电视机、电脑、汽车，你好不容易付清余款，设备就忽然出了毛病，偏偏正在这个时候各种保单的期限也过了，你只好另外出钱找人修理。

这条墨菲定律让你郁闷吗？其实不用，你要是厂商，就不会感觉到奇怪，而且我敢打赌，你也会这么干。

要想搞明白其中的道理，我们需要先明白什么是保修期。保修期是指厂商向消费者卖出商品时承诺的对该商品因质量问题而出现的故障时提供免费维修及保养的时间段。

如果你是厂商，如何尽量避免因"免费维修和保养"而付出成本？

> **墨菲定律启悟**
> 任何厂家都不愿意用自己的产品。

没错，找人测算出产品使用多久之后会出故障，然后把保修期定到产品出故障的前一天。过了这一天，很可能就会坏掉。

为什么过了保质期的食品、药品不能再吃了？同样的道理，过了保质期，这些东西也很可能坏掉了。

当然，一般的设备有的还可以通过购买延长保修方式来解决。不过，食品、药品的性质比较特殊，使用往往意味着"消灭"，而很多设备在保修期内也会出问题。所以保修会有N多条件，而且保修期内也不是啥都包，那些容易坏的零部件往往不在保修范围。人家把保修期说的长一点，不过是想让你误认为该产品不会那么快坏而已。

所以，你要想享受免费的维修及保养没那么容易，那比你中大奖的几率高不了多少。

当然，也有的东西过了保修期很久还没有坏，这可归结为四个原因：第一，你很少使用它；第二，你使用它的时候很小心，平时也很注意保养它；第三，产品使用寿命和控制的工程师碰巧算错了；第四，生产这个产品的员工工作太认真了。

使用寿命最短的元件，都会被装在最难触及的地方

随着经济的发展和科技水平的日益提高，各类家用电器已走入千家万户，从洗衣机到电冰箱，从微波炉到咖啡机，从电吹风到电熨斗，从电饭煲到果菜榨汁机，可谓应有尽有。但同时你也会发现，一旦这些东西出现了故障，你很难维修。

上文我们已经说过，能享受免费保修待遇是很难的事，尤其是使用寿命最短、故障率最高的原件，通常都不再保修范围。所以，多数情况下你只能自己出钱到维修点修理。但这也会让你犯难，因为不是维修点不愿意修，就是维修费用太高，不划算。

> **墨菲定律启悟**
> 设备故障率最高的部分总是位于维修最不易到达的区域。

无奈之下，我们会有两个选择，一是不修了，干脆买新的；二是

自己动手来修。

但第二个选择往往只是延期了的第一个选择。

由于坏了的元件如墨菲定律所言，被安装在最难到达的地方，你必须拆开几乎所有的零部件。于是问题来了，对于外行来说，通常是不仅修不好，还会弄得更糟；即使你修好了那个元件，也可能忘了当初是怎么拆开的，无法重新组装起来。最后，你多半还是不得不"干脆买新的"。

为什么最容易坏掉的元件总是被装在最难触及的区域？为什么这些元件还总是"不在保修范围内"？你很难说这不是一个阴谋——让你买新的。

这个阴谋也许也能解释另外一条墨菲定律："如果你安装了价值50美分的保险丝来保护值100美元的设备元件，值100美元的元件就会自行烧断而保护值50美分的保险丝。"

减肥是一种自卑，但让你自卑的恰恰是减肥广告

时下，是女人，十之八九都会哭着喊着要减肥。她们总嫌自己瘦得还不够，站在穿衣镜前总觉得自己承担着减肥的重要使命。于是，减肥成为了一种生活方式，减肥药、减肥茶、减肥霜、减肥衣及减肥鞋之于女人，就像吃饭睡觉不可少。

虽然减肥的人们的决心坚不可摧，但一种不可改变的局面是：失败

者有之，成功者少之。可是她们偏不停止减肥的舞步，尽管这舞步多少有些凌乱。在反反复复的尝试中她们似乎更坚定了"生命不息，减肥不止"的信念，坚定地将减肥大旗扛到底。为了减肥，怎么都愿意。

这不怪女人。正如墨菲定律所揭示的，当减肥广告刻意使你自卑，你不得不自卑地减肥。

在公益事业已彻底商品化的现代，一切医疗、保健产品的倾销，都在用各种方式贬损和恐吓民众。他们一边不厌其烦地告诉你肥胖有多么威胁生命和健康、多么影响形象、多么妨碍工作开展、多么损害爱情和婚姻；一边向人们展示世间少有的广告模特，拼命拿别人的长处戳你的短处。他们用最恶毒的语言，如"从小眼丑妹子到大眼瓜子脸"、"双下巴"、"没脖子"、"游泳圈"、"虎背熊腰"、"大象腿"、"赘肉"、"重量级"等等说法无情地启动你的自卑，然后继续用近乎完美的标准刺痛你，摧毁你的自信，使你变得自卑、敏感、多疑。于是，你去买了他们的产品，加入了减肥的大军，并把减肥当成终生的事业。

> **墨菲定律启悟**
> 你真正想减掉的不是体重，而是自卑。

其实，一个人是胖还是瘦只是身体状况的外在表现之一，并不是说肥胖就意味着不健康。对于没想过或没可能靠身材吃饭的人来说，微胖人士真的没必要为这个问题自卑。如果你觉得别人有不寻常的审视和异样的眼光，通常只是你的自卑导致的敏感多疑。

所以，还是别看减肥广告了吧，更不要轻信它。迄今为止，世界上还没有一种减肥特效药（或减肥茶、减肥食品），更不消说有什么"绝不反弹"的产品了。而且许多减肥药物或食品还含有副作用极大的神经抑制剂芬氟拉明，靠此减肥，影响健康，得不偿失。

如果因为某种原因确实需要减肥，不要想着靠什么产品就能轻松地一步到位，正确的做法是：从合理饮食和运动着手，制定计划，严格耐心地执行。

有一些药比疾病本身让人更糟糕

药物不仅很难达到说明书上的疗效，而且还有很多不良反应，墨菲定律认为，有的药物甚至比疾病本身对人的伤害更大。

是药三分毒。药物的不良反应一般可分为副作用、毒性反应、过敏反应和继发感染（也称二重感染）四大类。不良反应有大小和强弱的差异，它可以使人感到不适、使病情恶化、引发新的疾病（如：药源性肝病、肾脏损害、胃肠出血溃疡和穿孔），甚至置人于死地。在美国公开的不良反应报告中，有近四分之一是严重的，其中18%导致住院，6%死亡。美国每年约有14万人死亡于药物不良反应。世界卫生组织数据显示，全球的病人有三分之一是死于不合理用药，而不是疾病本身。

在现实生活中，药品不良反应的发生率是相当高的，特别是在长期使用或用药量较大时。严格地讲，几乎所有药物在一定条件下都可能引起不良反应。

药物也许能治好一个症状，但药物的副作用又会引发其他的症状，结果可能导致要吃的药越来越多。

例如：为了治疗哮喘，要用祛痰剂、消炎剂及类固醇等，长期下来会引发糖尿病；为了治疗糖尿病，又引发了胃溃疡，接着就又要吃胃药，又引发了骨质疏松，然后肝和肾也出了问题……就这样陷入药物副作用的恶性循环。

现在越来越多的科学家认识到：过去我们都认为药治病，仅仅通过药就能解决我们的生命的根本问题，这是大错特错。药不治病，药只是帮助我们控制症状，治病的是人类的自愈力。

人体与病原体长期处于抗争状态，在漫长的进化过程中，人类已建立起严密的自我康复体系，它会使用各种策略避免生病。当身体出现问题的时候，身体则会通过种种方式警示我们，并且自己努力开始治疗疾病。

出于对"高科技"的崇拜，很多人已经遗忘了自愈力的存在。经过千百万年的进化，人体已经成为这个世界上最复杂、最精密的仪器。人体每天约有2000亿的红细胞新陈代谢，每秒约传递100万个神经冲动。在一个正常的人体细胞里，基因就有几万个，而每个基因有31亿对碱基对。可以说，人体的精密、复杂程度远远超越了"高科技"，与人体机能相比，所谓的"高科技"还在山脚下呢。

> **墨菲定律启悟**
> 什么是药？就是利用白老鼠的反应而产生医学报告的产品。

以最常见的疾病感冒为例，药厂研制一种疫苗，通常需要三五年，投资上亿美元。可是，你刚注射完疫苗，这种感冒病毒的变种可能很快就产生了。目前已知的感冒病毒有好几千种，并且在不断变异出新的品种，这就是为什么人们会反复感冒的原因。但是，如果我们依靠自愈力来解决感冒的话，情形就简单得多。你不用花一分钱，只要稍微注意一下饮食起居，不出十天半月天，你的身体就能自动产生出抗体来治愈你的感冒！

然而现实当中，大部分人却相信"他愈力"胜过于相信自愈力，把自己彻底托付给药物，逐渐失去了自主的生命活力，逐渐丧失了本应属于自己的健康。这是人类自己为自己设下的"圈套"。

当然，我们并不是要大家生病了不使用药物，而是说，我们不能太依赖药物，在用药前应全面地了解该药的药理性质，严格掌握药品的适应证，选用适当的剂量和疗程，明确药品的禁忌。在用药过程中还应密切观察病情的变化和不良反应，尽量避免引起不良的后果。对于一些新药，对其毒副作用观察及了解不够，在使用前更要慎重。

面包片掉下去的时候总是有果酱的一面着地

人们在介绍墨菲定律时，最常用的例子就是这一条了。这个是典型的实际案例，就是说你最不愿意发生的情况，最有可能成为现实。

如何解释这种现象呢？有人认为，抹了果酱或黄油，会使面包片的其中一面比没抹的一面重，因此重的一面就先落地，这和人从高楼上落下来时头先着地是一个道理。

但这种解释很多人并不赞同。还有人认为，这条墨菲定律是错觉，两面实际上有相等的概率先落地。1991年，英国BBC电视台特意组织了一次实验，把涂有果酱的面包片不停地向上扔。统计结果显示，共300次的落地中，涂

墨菲定律启悟

如果你把一片干面包掉在你的新地毯上，它两面都可能着地。但你把一片一面涂有果酱的面包掉在新地毯上，常常是有果酱的那面朝下。

果酱的一面朝下的有 152 次，朝上的 148 次。显然，两者之间在概率上大致相同。他们随后得出结论：墨菲定律其实是一种错觉。

果真如此吗？答案是否定的。因为平时我们落到地上的面包片是从我们手中或餐桌上滑下去的，并非故意向上抛的。

为了把这个问题搞清楚，英国阿斯顿大学的一个物理学家专门做了一番研究，他通过计算证明，面包片在餐桌或者人的手上时，涂了果酱的一面是朝上的，当它从这个高度滑落，涂了果酱面包片自身重力使面包片旋转的角度，总是大于九十度并且小于一百八十度就落地了，所以涂了果酱的一面着地。

这说明，"墨菲定律"发威是要有条件的；一件事情朝着糟糕的方面发展，总是有原因的。

十双袜子丢了六只，往往只剩下四双完整的袜子

墨菲定律告诉我们，倒霉事发生的时候，总是所有可能中最倒霉的情况更容易发生。这种感觉是人们常有的，其实这从数学的角度来说也是可以证明的。

科学作家罗伯特·马地欧斯在研究概率的时候，曾精心制作了这样一个例子：

如果有10双袜子，由于某种原因丢了6只，那么你会剩下几双完整的袜子呢？

最好的情况是剩7双完整的袜子，换句话说，丢失的6只恰巧是3双；最差的情况是只剩下4双完整的袜子，也就是说丢失的6只袜子刚好来自6双不同的袜子。

他根据概率论进行计算，结果是：有0.3%的可能剩下7双完整的袜子，有34.7%的可能剩下4双完整的袜子。

可以看出，最差的情况发生的可能性，比最好的情况发生的可能性要高一百多倍。

我们的心理预期一般指向最好的结果，但那只是我们的直觉与愿望，现实更容易出现不

墨菲定律启悟

如果坏事有可能发生，那么一定会发生，而且发生的往往是最糟糕的情况。

好甚至最差的结果。袜子丢失再配对的这个例子，无疑是墨菲定律的一个很好的佐证。

　　当然，我们不必为发现袜子成单而大呼倒霉，或者在生活中遇到几种糟糕情况中最糟糕的情况，而感到不知所措以至抱怨上帝专门和我们作对，其实很多时候数学就能帮助我们消除这一幻觉，使我们放下包袱，笑着说"我又被墨菲定律戏弄了"，然后继续好好地生活。

参考文献

1. 陈永明.《心智活动的探索》. 北京师范大学出版社，2006.01.
2. 梁宁建.《心理学导论》. 上海教育出版社，2006.10.
3. 车文博.《透视西方心理学》. 北京师范大学出版社，2007.01.
4. [美] 塞尔 著，徐英瑾 译.《心灵导论》. 上海人民出版社，2008.01.
5. 浩子.《人生每日忠告》. 中国华侨出版社，2008.01.
6. 贾文.《感悟人生》. 地震出版社，2008.06.
7. 刘宗粤.《心理健康等于亿万财富》. 吉林文史出版社，2009.09.
8. [奥] 弗洛伊德 著，罗生 译.《精神分析学引论、新论》. 百花洲文艺出版社，2009.10.
9. 孙郡锴.《想法决定活法》. 中国华侨出版社，2010.01.
10. [美] 阿瑟·布洛赫 著，曾晓涛 译.《墨菲定律》. 山西人民出版社，2012.04.
11. [美] 詹姆斯 著，唐钺 译.《心理学原理》. 北京大学出版社，2013.02.
12. 李原.《墨菲定律：世界上最有趣最有用的定律》. 中国华侨出版社，2013.07.
13. 张国庆.《解码潜意识》. 中国纺织出版社，2013.09.
14. [美] 苏珊·杰菲斯 著，陈安璐 译.《战胜内心的恐惧》. 重庆出版社，2014.05.
15. [英] 理查德·罗宾森 著，钱峰 译.《无处不在的墨菲定律》. 人民邮电出版社，2014.07.
16. [法] 库埃 著，刘文婷 译.《心理自愈术》. 中华工商联合出版社，2014.07.